吴卫国　王自平　刘红光　编

U0203145

# 工程力学实验

江苏大学出版社
JIANGSU UNIVERSITY PRESS

镇　江

## 内容简介

本书根据教育部高等学校基础力学课程教学基本要求,按照本科工程力学实验课程教学大纲,总结学校多年工程力学实验课程教学经验,结合国家相关标准编写而成。本书除涵盖基础力学实验的基本内容外,还包括少量培养学生创新实践能力的拓展内容。本书主要内容为理论力学实验、材料力学性能试验、应变电测理论和实验,以及综合性实验等。

本书可作为工科院校的机械、动力、土木和航空航天等对工程力学实验要求较高的专业的实验课程教材,对于材料、冶金、环境、电气工程等中、少学时的专业的学生,可按教学要求选开一部分实验。

**图书在版编目(CIP)数据**

工程力学实验 / 吴卫国,王自平,刘红光编. — 镇江 : 江苏大学出版社,2018.2(2025.1 重印)
ISBN 978-7-5684-0769-4

Ⅰ. ①工… Ⅱ. ①吴… ②王… ③刘… Ⅲ. ①工程力学－实验－高等学校－教材 Ⅳ. ①TB12－33

中国版本图书馆 CIP 数据核字(2018)第 033482 号

**工程力学实验**

Gongcheng Lixue Shiyan

编　　者/吴卫国　王自平　刘红光
责任编辑/孙文婷
出版发行/江苏大学出版社
地　　址/江苏省镇江市京口区学府路 301 号(邮编：212013)
电　　话/0511-84446464(传真)
网　　址/http://press.ujs.edu.cn
印　　刷/镇江文苑制版印刷有限责任公司
开　　本/718 mm×1 000 mm　1/16
印　　张/8
字　　数/164 千字
版　　次/2018 年 2 月第 1 版
印　　次/2025 年 1 月第 12 次印刷
书　　号/ISBN 978-7-5684-0769-4
定　　价/27.00 元

如有印装质量问题请与本社营销部联系(电话:0511-84440882)

# 前　言

　　工程力学是机械、力学、土木、动力、航空航天等工程技术类专业的基础课程，而工程力学实验是工程技术科学的重要实验课程之一。通过这一教学环节可使学生掌握测定材料性能的试验的基本知识、基本技能和基本方法，以及初步掌握验证工程力学理论的方法，并培养学生的动手能力、分析解决实际工程问题的能力和严肃认真的科学作风。因此，本课程在工程技术类专业学生的理论和实践能力培养过程中具有特殊和重要的地位。

　　科学技术的不断进步，对人才的综合素质及工程实践能力要求越来越高，对工程力学课程的改革也提出了新的更高要求。近二十年来，工程力学实验课程的改革取得了一系列成果，很多教学研究课题组编写了相应的教材，这些教材都具有较高的水平。本书是在参考大量同类教材，并充分调研工程技术类专业认证对学生能力要求的基础上，结合一线教师多年工程力学实验教学工作的经验编写而成。编写过程中参照了教育部基础力学教学指导委员会针对机械、力学、动力等类专业制定的实验教学基本要求，同时结合了最新颁布的国家相关标准。本书既重在实验原理的讲授，又充分注重学生动手能力和创新能力的培养，语言讲述深入浅出，便于学生预习和自学。

　　鉴于已有的工程力学实验教材在引导学生学习方面的优越性，本书在内容的编排上将工程力学实验的内容分为绪论、理论力学实验、电阻应变测试基础、材料力学性能试验、应变电测法应用实验和综合性实验，共计六章。在内容的编排上考虑了基本原理、方法和工程实际应用三种类型的合理搭配。

　　本书的第1章、第4章4.1~4.5节和第6章6.2节由吴卫国编写，第3章和第5章由王自平编写，第2章、第4章4.6节和第6章6.1、6.3~6.5节及附录Ⅰ由刘红光编写。全书由吴卫国统稿，在编写过程中，笔者从与孙保苍教授、江苏大学工程力学实验中心的部分老师的讨论中受到了很多有益的启发，在此一并表示诚挚的谢意。

本书承蒙江苏大学陈忠安教授审阅,他在百忙之中提出了许多宝贵意见,在此表示深深的感谢。

本书的编写参阅了部分同类教材和公开发行的资料,在此向原作者表示真诚的谢意。

限于编者水平,书中定有疏漏和不足之处,殷切希望广大师生和读者批评指正,不胜感激。

编 者

2018 年 1 月

# 目　录

# 第1章 绪 论

## 1.1 概　述

实验是进行科学研究的重要方法之一,科学史上许多重大发明都是依靠科学实验得到的,许多新理论的建立也要靠实验验证。不仅如此,实验对工程力学有更重要的一面,工程力学的理论是建立在将真实材料理想化、实际构件典型化、公式推导假设化的基础之上的,它的结论是否正确以及能否在工程中应用,都必须通过实验验证。在解决工程设计中的强度、刚度等问题时,首先要知道材料的力学性能和表达力学性能的材料常数,而这些常数需要通过材料试验才能测定。在大量的实际工程中,构件的几何形状和载荷都十分复杂,构件中的应力单纯靠计算难以得到正确的数据,因此必须借助实验应力分析的手段才能解决,并且通过实验可以进一步检验理论分析的正确性,检验工程结构设计的安全性和可靠性等。

工程力学实验是根据工程力学课程的需要和近代工程力学的发展引入的基本内容,是工程力学教学中重要的实验教学环节。同时,工程力学实验与工程实际密切相关,是解决许多实际工程问题的重要方法之一,也是科研人员必须掌握的重要手段。因此通过这一教学环节不仅可使学生更加深入地理解工程力学的理论知识,而且可使学生学到测定材料性能的试验的基本知识、基本技能和基本方法,以及初步掌握验证工程力学理论的方法。这对培养学生的动手能力和严谨的科学作风十分重要,并且对培养学生的解决实际工程问题的能力也有重要意义。

## 1.2　工程力学实验的内容

### 1.2.1　理论力学实验

理论力学中重心和转动惯量都是重要概念,其实验确定方法具有重要的工程意义,本书讲述的用垂吊法测取不规则物体的重心位置和用称重法测取连杆的重心位置,以及用三线摆法测取物体转动惯量和测取不规则物体定轴转动惯量等实验是工程中常用的方法;而弹簧质量系统的刚度和固有频率测定实验可以使学生加深对振动基本参数物理意义及其相互关系的理解,初步掌握这些物理参数的测试方法,对今后的专业课程学习和结构动态分析有着重要的意义。

### 1.2.2　材料的力学性能的测定

材料的力学性能是指在力的作用下,材料在运动、变形和强度等方面表现出的一些特性,如弹性极限、屈服极限(屈服点)、强度极限、弹性模量、冲击韧性度等。这些强度指标或参数都是构件强度、刚度和稳定性计算的依据,一般要通过实验来测定。随着材料科学的发展,各种新型合金材料、合成材料不断涌现,力学性能的测定方法成为研究新型材料的力学性能的重要方法。

### 1.2.3　应变电测实验

工程力学的一些理论公式是在某些假设和简化的基础上(如杆件的弯曲理论就以平面假设为基础)推导出来的,通过实验的方法验证这些理论公式的正确性和适用范围可加深对理论的认识和理解,本书中介绍的桥路组合实验、纯弯梁正应力实验和弯扭组合变形实验等,均属于这类实验。这些实验也使学生掌握了应变电测法这一重要的实验方法。而对于新建立的理论和公式,实验验证更是必不可少的手段。

### 1.2.4　综合性实验

在工程问题中,由于很多实际结构的复杂性或构件几何形状的不规则性及受力状态的复杂性,振动计算分析和应力计算并无适用理论以进行精确计算。这时用实验的手段来分析便成为有效的方法。近来虽然可以用有限元法计算,但也要经过适当简化才有可能;对于用有限元法计算的结果的正确性,也要通过实验应力分析加以验证。同时,为了提高学生的整体素质,以及为一些对科学实验有兴趣的学生提供一个发挥和培养创新能力的机会,使学生全面掌握更多工程力学实验方法,本书囊括了一些综合性实验项目。

## 1.3　工程力学实验的标准、方法和要求

材料及结构的各种力学性能指标如固有频率、屈服极限、强度极限、持久极限等,虽是材料的固有属性,但往往与试样的形状、尺寸、表面加工精度、加载速度、周围环境(温度、介质)等有关。为使实验结果能相互比较,国家标准对试样的取材、形状、尺寸、加工精度、实验手段和方法及数据处理等都做了统一规定。我国国家

标准的代号是 GB,其他国家也有各自的标准,如美国材料与试样协会标准的代号为 ASTM,国际标准的代号为 ISO,需要做国际仲裁试验时,以国际标准为依据。

做工程力学实验首先要做好操作前的准备工作,包括试验机及仪表的准备工作,试样的检测和准备,复习操作规程。在正式实验前先试加载荷,观察其现象,一切正常后,再开始正式实验。实验小组的成员,应分工明确,操作要相互协调。对于破坏性实验,如材料强度指标的测定,考虑到材料质地的不均匀性,应采用多根试样,然后综合多根试样的结果,得出材料的性能指标。对于非破坏性实验,如构件的变形测量,要重复进行,然后综合多次测量的数据得到所需结果。实验完毕,要检查数据是否齐全,并注意清理设备,将实验设备归位。整理实验结果时,应剔除明显不合理的数据,并以表格或图线表明所得结果。若实验数据中的两个量之间存在线性关系,可用最小二乘方法拟合为直线,然后进行计算;数据运算的有效数位数要依据实验设备、仪器的测量精度来确定,最后按要求写出实验报告。实验报告应当数据完整,曲线、图表齐全,计算无误,并有讨论和分析。

# 第 2 章　理论力学实验

## 2.1　测定弹簧质量系统刚度和固有频率

### 2.1.1　实验目的

1. 测试单自由度系统的等效刚度 $k$。
2. 计算弹簧质量振动系统的固有频率 $f_0$。

### 2.1.2　实验设备及仪器

ZME－1 型理论力学多功能实验台(见图 2-1)，100 g 砝码 1 个，200 g 砝码 2 个，砝码托盘 1 个。

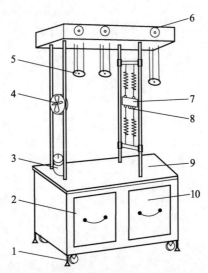

1—台面水平调节地撑；2—抽斗Ⅰ(装有连杆、振动载荷、渐加载荷袋和求重心用的型钢模片)；
3—调速器；4—变速风机；5—三线摆配非均质摇杆；6—三线摆升降手轮；7—架控电缆振动模型；
8—刚度测定加载钩；9—不锈钢工作台面；10—抽斗Ⅱ(装有称重秤、随机工具等)

**图 2-1　ZME－1 型理论力学多功能实验台**

### 2.1.3　实验原理和方法

由弹簧质量组成的振动系统,在弹簧的线性变形范围内,系统的变形与所受到的外力的大小呈线性关系。因此,施加不同的力会产生不同的变形,由此计算系统的等效刚度 $k$ 和固有频率 $f_0$:

$$k = \frac{F}{\delta} \tag{2-1}$$

$$f_0 = \frac{1}{2\pi}\sqrt{\frac{k}{m}} \tag{2-2}$$

式中:$F$ 为系统所受的外力;$\delta$ 为系统的变形量;$m$ 为系统的等效质量。

### 2.1.4　实验步骤

在架控电缆振动模型(弹簧质量系统)下的砝码托盘上,挂上不同质量的砝码,观察并记录弹簧的变形量。根据弹簧质量系统的变形量及添加的砝码质量,由式(2-1)和式(2-2)计算该系统的等效刚度 $k$ 和固有频率 $f_0$。

1. 将砝码托盘挂在弹簧质量系统的塑料质量模型下的小孔内,记录此时塑料质量模型上指针所在的初始位置,并定义为 0。已知塑料模型及托盘的质量为 0.138 kg。

2. 将 100 g 的砝码放置于砝码托盘上,稳定后,读取并记录指针的偏离位置。

3. 逐步增加砝码质量至 500 g,并记录相应的指针偏离位置。

4. 画出弹簧质量系统变形量与砝码质量之间的关系曲线,计算等效刚度 $k$ 和固有频率 $f_0$。

### 2.1.5　实验数据处理

根据记录的砝码质量与相应的系统变形量 $\delta$,按式(2-1)计算系统刚度 $k$,求得系统的平均刚度 $\bar{k}$。根据平均刚度,按式(2-2)求得系统的固有频率 $f_0$。数据处理参见表2-1。

表 2-1　弹簧质量系统等效刚度及固有频率数据处理表

| 砝码质量/g | 指针位置 | 变形量 $\delta$/mm | 刚度 $k$/(N/m) | 平均刚度 $\bar{k}$/(N/m) | 固有频率 $f_0$/Hz |
|---|---|---|---|---|---|
| 0 | | | | | |
| 100 | | | | | |
| 200 | | | | | |

续表

| 砝码质量/g | 指针位置 | 变形量 $\delta$/mm | 刚度 $k$/(N/m) | 平均刚度 $\bar{k}$/ (N/m) | 固有频率 $f_0$/ Hz |
|---|---|---|---|---|---|
| 300 | | | | | |
| 400 | | | | | |
| 500 | | | | | |

### 2.1.6　注意事项

1. 实验前应调节弹簧固定端的调节螺栓使系统的模型保持水平。
2. 一定要等弹簧质量系统稳定后再读数。
3. 读数时眼睛应平视,尽量减小读数误差。

# 2.2　测定不规则物体重心

### 2.2.1　实验目的

1. 用垂吊法测取不规则物体的重心位置。
2. 用称重法测取连杆的重心位置,并用其计算连杆质量。

### 2.2.2　实验设备及仪器

ZME－1 型理论力学多功能实验台,型钢组合体,连杆模型,2 kg 台秤,水平仪,支架,积木块。

### 2.2.3　实验原理和方法

1. 垂吊法求不规则物体的重心

求一非规则型钢的重心,可先将型钢悬挂于任意一点 $A$,如图2-2a 所示。根据二力平衡公理,重心必然在过悬吊点的铅垂线上,在型钢上画出此线。然后将型钢悬挂于另外一点 $B$,同样可以画出一条直线。两直线的交点 $C$ 就是重心,如图 2-2b 所示。

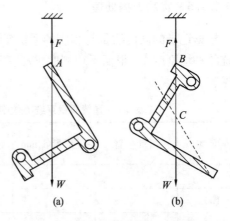

图 2-2　垂吊法求物体重心示意图

2. 称重法求轴对称物体的重心

以均质轴对称连杆为例简述称重法的应用。连杆如图 2-3a 所示,则其重心必然位于水平轴线上,因此只需要测定重心距离左侧支点 $A$ 的距离 $x_C$。首先测出两个支点间的距离 $l$,然后将支点 $B$ 置于台秤上,保持中轴线水平,由此可测得 $B$ 处的支反力 $F_1$ 的大小。再将连杆旋转 $180°$,如图 2-3b 所示,仍然保持中轴线水平,可测得 $F_2$ 的大小。根据平面平行力系,可以得到下面两个方程:

$$F_1 + F_2 = W$$
$$F_1 \cdot l - W \cdot x_C = 0$$

根据方程,可以求出重心的位置:

$$x_C = \frac{F_1 \cdot l}{F_1 + F_2} \tag{2-3}$$

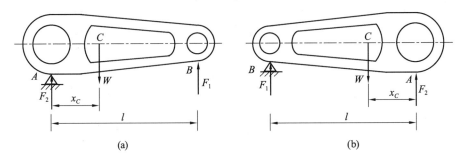

图 2-3 称重法求物体重心示意图

### 2.2.4 实验步骤

1. 垂吊法

(1)将型钢组合试件的轮廓描绘在一张白纸上。

(2)用细绳穿过型钢组合体试件的一个孔,将其垂吊在 ZME‒1 型理论力学多功能实验台顶板前端的螺钉上,使试件平面铅垂并保持静止。

(3)使描绘的试件轮廓与试件重叠,沿着垂线,用铅笔在白纸上画两个点,过此两点的直线必然通过试件的重心。

(4)再用细绳穿过试件的另一个孔,重复(2)(3)两步,得到另一条重力作用线。

(5)两次悬吊垂线的交点即该试件的重心。

2. 称重法

(1)将台秤和支架放置于多功能台面上。

(2)将连杆的一端放于支架上,另一端放于台秤上,使连杆的曲轴孔中心对准台秤的中心位置。

（3）根据水平仪,利用积木块调节连杆的中心位置使连杆呈水平状,记录此时台秤的读数。

（4）取下连杆,记录台秤上积木的质量。

（5）将连杆转180°,重复(3)(4)两步,记录台秤读数。

（6）测出连杆两支点间的距离。

### 2.2.5　实验数据处理

垂吊法只需画图,此处的实验数据处理主要针对称重法。将台秤读数记入表2-2,按式(2-3)计算出重心坐标。

**表2-2　称重法记录表**

|  | 总称重/kg | 积木称重/kg | 净称重/kg | 两支点间距/cm | 重心位置 $x_c$/cm |
|---|---|---|---|---|---|
| 大头 |  |  |  |  |  |
| 小头 |  |  |  |  |  |

### 2.2.6　注意事项

1. 运用垂吊法,要注意保持试件平面铅垂且处于静止状态。
2. 运用称重法,要注意试件应保持水平,连杆两头的圆心应与秤盘重心重合。
3. 实验前台秤要调零。

## 2.3　用三线摆法测定圆盘的转动惯量

### 2.3.1　实验目的

1. 了解并掌握用三线摆法测取刚体转动惯量。
2. 分析三线摆摆长对测量结果的影响。

### 2.3.2　实验设备及仪器

ZME–1型理论力学多功能实验台,圆盘三线摆,秒表,直尺。

### 2.3.3 实验原理和方法

转动惯量表示刚体转动时惯性的量度,如同质量是质点惯性的量度一样。可见,掌握转动惯量的概念和测定刚体的转动惯量是十分重要的。

定义质点系内各质点的质量与各质点到轴 $O$ 的距离 $\rho$ 的平方的乘积之和为质点对轴 $O$ 的转动惯量 $J_O = \sum \rho^2 \mathrm{d}m$。

当质点系为刚体时,上式可写成积分的形式 $J_O = \int \rho^2 \mathrm{d}m$。转动惯量永远是一个正的标量,单位是 $\mathrm{kg \cdot m^2}$。它不仅与刚体的质量有关,而且与质量的分布情况有关。下面介绍测试圆盘转动惯量的常用方法——三线摆法的原理。

图 2-4 所示三线摆,均质圆盘质量为 $m$,半径为 $R$,三线摆悬吊半径为 $r$。当均质圆盘做扭转角为小于 6° 的微振动时,测得扭转振动周期为 $T$。现在讨论圆盘的转动惯量与微扭振动周期的关系。

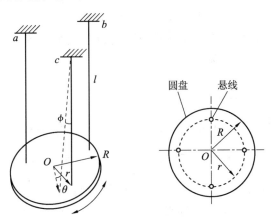

**图 2-4 三线摆及圆盘示意图**

设 $\theta$ 为圆盘的扭转振幅,$\phi$ 为摆线的扭转振幅,如图 2-4 所示,对于一个微小的位移则有

$$r\theta = l\phi \tag{2-4}$$

在微振动时,有 $\theta = \theta_{\max} \sin \omega_n t$,$\left(\dfrac{\mathrm{d}\theta}{\mathrm{d}t}\right)_{\max} = \omega_n \theta_{\max}$,系统的最大动能:

$$T_{\max} = \frac{1}{2} J_O \left(\frac{\mathrm{d}\theta}{\mathrm{d}t}\right)_{\max}^2 = \frac{1}{2} J_O \omega_n^2 \theta_{\max}^2 \tag{2-5}$$

系统的最大势能:

$$U_{\max} = mgl(1 - \cos \phi_{\max}) \approx \frac{1}{2} mgl\phi_{\max}^2 = \frac{1}{2} mg \frac{r^2}{l} \theta_{\max}^2 \tag{2-6}$$

对于保守系统机械能守恒，即 $T_{\max} = U_{\max}$，得到圆盘扭转振动的固有频率的平方 $\omega_n^2 = \dfrac{mgr^2}{J_O l}$，由于 $T = \dfrac{2\pi}{\omega_n}$，则圆盘的转动惯量：

$$J_O = \left(\frac{T}{2\pi}\right)^2 \frac{mgr^2}{l} \tag{2-7}$$

式中：$T$ 为三线摆的扭振周期。可见，只要测出周期 $T$ 就可用式(2-7)计算出圆盘的转动惯量，且周期 $T$ 测得愈精确，转动惯量误差就愈小。

### 2.3.4  实验步骤

1. 打开顶板上最右边的转轮锁，转动手轮，使圆盘三线摆下降约 60 cm，锁紧手轮。

2. 给三线摆一个初始角(小于 6°)，释放圆盘后，使三线摆发生扭转振动，用秒表记录扭转 20 次的时间，算出振动周期 $T$，由式(2-7)求出圆盘的转动惯量 $J_{Oi}$。

3. 用不同的线长测三线摆的周期，求出不同线长时圆盘的转动惯量 $J_{Oi}$。

4. 转动右边手轮把圆盘三线摆收回至接近上顶板位置(注意：圆盘接近顶板时，手轮转速要减慢以免线被拉断)。

### 2.3.5  实验数据处理

已知圆盘的半径 $R = 50$ mm，厚度 $\delta = 5.3$ mm，材料密度 $\rho = 7.8$ g/cm$^3$，悬线至圆心的距离 $r = 38$ mm。按式(2-7)计算圆盘转动惯量的测量值，按 $J_{th} = \dfrac{1}{2}mR^2$ 计算圆盘转动惯量的理论值。比较不同线长时圆盘转动惯量的测量值与理论值，分析其误差，并讨论转动惯量的测量值与线长的关系。数据处理参见表 2-3。

**表 2-3  圆盘转动惯量测量数据处理表**

| 摆线长度/cm | 20 次摆动时间/s | 平均周期 $T_i$/s | 转动惯量/(kg·m$^2$) | | 误差/% |
| --- | --- | --- | --- | --- | --- |
| | | | 理论值 $J_{th}$ | 实测值 $J_{Oi}$ | |
| 20 | | | | | |
| 30 | | | | | |
| 40 | | | | | |
| 50 | | | | | |
| 60 | | | | | |
| 70 | | | | | |

### 2.3.6　注意事项

1. 三线摆的原始偏转角 $\theta < 6°$。
2. 三线摆的三根线应等长。
3. 测试过程中不能有较大幅度的斜度。

# 2.4　用等效方法测定非均质物体的转动惯量

### 2.4.1　实验目的

1. 了解用三线摆法测取不规则物体定轴转动惯量的方法。
2. 通过实验加深对转动惯量的理解。

### 2.4.2　实验设备及仪器

ZME－1 型理论力学多功能实验台,圆盘三线摆 2 个,发动机摇臂(不规则物体),带磁铁圆柱体 2 个,秒表,直尺。

### 2.4.3　实验原理和方法

　　一些均质并具有常见的几何形状的刚体,其转动惯量可查工程手册,但一些不规则形状和非均质的刚体,其转动惯量是很难计算的,一般需要用实验方法求得。

　　两个具有相同线长和直径的三线摆,其上各放置不同的物体,假如两个三线摆摆动周期一样,则说明两个物体的转动惯量是相等的。根据这一原理,要测不规则物体的转动惯量,可以将其放在一个三线摆上,测出其周期。而在另一个相同的三线摆上对称放两个相同形

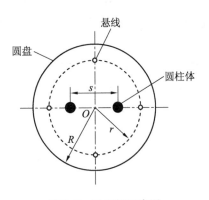

图 2-5　三线摆示意图

状和质量的相对规则的物体,通过调整两个对称物体的间距 $s$(见图 2-5),使得其摆动的周期与放不规则物体的三线摆的振动周期相等,则此时不规则物体的转动惯量与两个对称物体的转动惯量是等效的。

### 2.4.4　实验步骤

1. 分别转动 ZME－1 型理论力学多功能实验台左边两个三线摆的手轮,将两

个三线摆的摆长统一调整为 60 cm。

2. 一个三线摆上放发动机摇臂,一个三线摆上对称放两个规则的圆柱体铁块。

3. 给放置非均质摇臂的圆盘三线摆以微小转角,用秒表测得 10 个周期,并做记录。

4. 将对称放置的两个圆柱体的中心距离设为 30 mm,给以微小转角,用秒表测得 10 个周期并记录。

5. 逐步增大两个圆柱体中心的间距,直至周期的变化跨越不规则物体的摆动周期。

6. 转动手轮,分别把两个三线摆收回至上顶板的位置(注意:圆盘接近顶板时,手轮转速要减慢以免线被拉断)。

### 2.4.5 实验数据处理

已知等效圆柱直径 $d = 18$ mm,高 $h = 20.7$ mm,材料密度 $\rho = 7.8$ g/cm$^3$,则两圆柱对中心轴 $O$ 的转动惯量的计算公式为

$$J_O = 2\left[\frac{1}{2}m\left(\frac{d}{2}\right)^2 + m\left(\frac{s}{2}\right)^2\right] \tag{2-8}$$

式中:$s$ 为两圆柱的中心距。

分别以不同的中心距 $s_i$ 测出相应的扭转振动周期 $T_i$,并用理论公式(2-8)计算出两个圆柱对中心轴的转动惯量 $J_{Oi}$,填入表 2-4。最后,根据表中的数据,运用插入法求得发动机摇臂的等效转动惯量 $J_O$。

表 2-4  等效转动惯量测量数据处理表

| 距离 $s_i$/mm | 10 个周期时间/s | 周期 $T_i$/s | 转动惯量 $J_{Oi}$/<br>(kg · m$^2$) | 等效转动惯量 $J_O$/<br>(kg · m$^2$) |
|---|---|---|---|---|
| 30 | | | | |
| 40 | | | | |
| 50 | | | | |
| 60 | | | | |

### 2.4.6 注意事项

1. 发动机摇臂的轴心应与圆盘中心重合。

2. 两个三线摆的摆线要一样长。

3. 测试过程中不能有较大幅度的平动。

4. 三线摆的原始偏转角 $\theta < 6°$。

# 第3章　电阻应变测试基础

由于工程构件的形状和受力情况复杂,由力学简图计算所得应力有时与实际应力相差较大;在有些情况下,按现有的理论甚至很难进行计算。实验是解决这些问题的一个重要途径,通过实验对构件或其模型进行应力、应变分析的方法称为实验应力分析。实验应力分析不仅是解决工程实际问题的有效手段,也为验证和发展理论提供了重要依据。

实验应力分析的方法很多,目前在国内用得最多的是应变电测法。应变电测法一般是指采用电阻应变片进行应变测试的方法,也称电阻应变测试方法,其原理是用电阻应变片测定构件表面的应变,再根据应变 – 应力关系确定构件表面应力状态。

## 3.1　电阻应变片概述

### 3.1.1　电阻应变片的工作原理

电阻应变片的工作原理是基于金属丝受力发生变形产生电阻变化的应变电阻效应。由物理知识可知,金属丝的电阻 $R$ 与其材料的电阻率 $\rho$、原始长度 $L$、横截面积 $A$ 有关,其关系式为

$$R = \rho \frac{L}{A} \tag{3-1}$$

为了研究应变和电阻的关系,式(3-1)可表示为

$$\ln R = \ln \rho + \ln L - \ln A \tag{3-2}$$

因此,金属丝电阻的相对变化可用全微分表示为

$$\frac{\mathrm{d}R}{R} = \frac{\mathrm{d}\rho}{\rho} + \frac{\mathrm{d}L}{L} - \frac{\mathrm{d}A}{A} \tag{3-3}$$

式中:$\mathrm{d}L/L$ 为金属丝长度的相对变化,用应变表示,即

$$\frac{\mathrm{d}L}{L} = \varepsilon \tag{3-4}$$

$\mathrm{d}A/A$ 为金属丝横截面积的相对变化,由于金属丝的横截面积为 $A = \pi D^2/4$,故

其相对变化可表示为

$$\frac{\mathrm{d}A}{A} = 2\frac{\mathrm{d}D}{D} = -2\mu\frac{\mathrm{d}L}{L} \tag{3-5}$$

式中:$\mu$ 为金属丝材料的泊松比。

将式(3-4)和式(3-5)代入式(3-3),可得

$$\frac{\mathrm{d}R}{R} = \frac{\mathrm{d}\rho}{\rho} + \frac{\mathrm{d}L}{L} - \frac{\mathrm{d}A}{A} = \frac{\mathrm{d}\rho}{\rho} + (1+2\mu)\varepsilon \tag{3-6}$$

其中,$\mathrm{d}\rho/\rho$ 是由金属丝变形后电阻率发生变化所引起的,$\varepsilon$ 是由金属丝变形后几何尺寸发生变化所引起的。这里定义金属丝的应变灵敏度系数为 $K_s$:

$$K_s = \frac{\mathrm{d}R/R}{\varepsilon} = 1 + 2\mu + \frac{1}{\varepsilon}\frac{\mathrm{d}\rho}{\rho} \tag{3-7}$$

对于金属材料,$\mathrm{d}\rho/\rho$ 较小,可以略去,$K_s$ 为常量,故在常温下许多金属丝一般处于应变极限范围内,其电阻的相对变化与轴向应变成正比,即

$$\frac{\mathrm{d}R}{R} = K_s\varepsilon \tag{3-8}$$

### 3.1.2 电阻应变片的结构

电阻应变片主要由敏感栅、基底、盖层及引线所组成,敏感栅用粘结剂粘在基底和盖层之间,如图 3-1 所示。

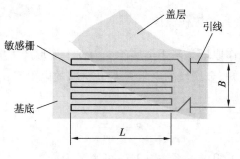

**图 3-1 电阻应变片结构**

1. 敏感栅

敏感栅用合金丝或合金箔制成。它能将被测构件表面的应变转换为电阻的变化。由于其非常灵敏,故称为敏感栅。它由纵栅与横栅两部分组成。敏感栅的尺寸用栅长 $L$ 和栅宽 $B$ 表示,如图 3-2 所示。通常对应变片敏感栅材料的要求主要是:灵敏系数 $K_s$ 高,且 $K_s$ 值基本上是常数;弹性极限高于被测构件材料的弹性极限;电阻率 $\rho$ 高,分散度小,随时间变化小;电阻温度系数小,对温度循环有完全的重复性,有足够的稳定性;延伸率高,耐腐蚀性好,疲劳强度高;焊接性能好,易熔焊

和电焊,对引线的热电势(因温度不同而引起的电位差)小;加工性能好,可加工成
细丝或箔片。

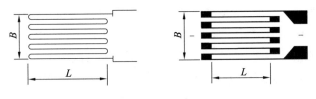

图 3-2　敏感栅的尺寸

2. 基底

基底的作用是将敏感栅永久或临时安置于其上,同时还要使敏感栅和试件之
间保持相互绝缘。对基底材料一般有下列要求:柔软并具有一定的机械强度,粘结
性能和绝缘性能好,蠕变和滞后现象小,不吸潮,能在不同的温度下工作等。常用
的基底材料有纸、胶膜(包括环氧树脂、酚醛树脂、聚酯树脂和聚酰亚胺等)和玻璃
纤维布等。

3. 引线

电阻应变片的引线是从敏感栅引出的丝状或带状金属导线。通常引线在制造
应变片时就和敏感栅连接好而成为应变片的一部分。引线应具有低且稳定的电阻
率及小的电阻温度系数。

4. 盖层

电阻应变片的盖层是用来保护敏感栅使其避免受到机械损伤或防止其在高温
下氧化。常用的盖层材料有纸、胶膜(环氧树脂、酚醛树脂等)及玻璃纤维布等。

### 3.1.3　电阻应变片的分类

电阻应变片的种类很多,分类的方法也很多。

1. 按工作温度分类

电阻应变片根据许用的工作温度范围可分为低温应变片( −30 ℃以下)、常温
应变片( −30 ~ 60 ℃)、中温应变片(60 ~ 350 ℃)和高温应变片(350 ℃以上)。

2. 按基底材料分类

电阻应变片根据基底的材料可分为纸基、胶膜基底(缩醛胶基、酚醛基、环氧
基、聚酯基、聚烯亚胺基等)、玻璃纤维增强基底、金属基底及临时基底等。

3. 按敏感栅材料分类

电阻应变片根据敏感栅的材料主要分为金属应变片和半导体应变片。

(1) 金属应变片(包括金属丝式和金属箔式)。金属丝式应变片可分为丝绕式
和短接式两种。丝绕式应变片是用金属丝绕制而成,如图 3-3a 所示,其疲劳寿命

长且应变极限极高,但由于横向部分是圆弧形,故横向效应较大,测量精度较差,而且其端部圆弧部分制造困难,不易保证形状相同,使应变片性能分散。短接式应变片是用数根金属丝按一定间距平行布置,并在横向焊以较粗的镀银铜线而成,如图3-3b所示,其横向效应系数很小,制造过程中敏感栅的形状较易保证,故测量精度高。但由于它的焊点多,焊点处截面变化剧烈,因而这种应变片疲劳寿命短。金属箔式应变片是用厚度为 0.002～0.005 mm 的金属箔(铜镍合金或镍铬合金)为敏感材料,经刻图、制版、光刻、腐蚀及树脂胶加温聚合等工艺过程而制成。金属箔式应变片敏感栅很薄,粘贴牢固,散热性好,测量精度和灵敏度高;敏感栅端部的横向栅条宽,横向效应小;加工性能好,产品一致性好,分散度小且能制成各种用途的应变片,如图3-4所示;蠕变小、疲劳寿命长;制造工艺自动化,可批量生产,生产效率高。鉴于以上诸多优点,金属箔式应变片在各个测量领域均得到广泛的应用,在常温应变测量中已逐渐取代金属丝式应变片。

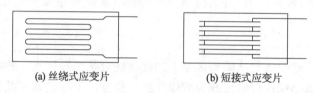

(a) 丝绕式应变片　　　　　(b) 短接式应变片

**图 3-3　金属丝式应变片**

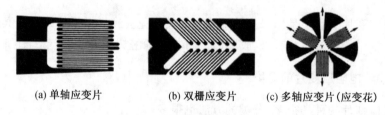

(a) 单轴应变片　　　(b) 双栅应变片　　　(c) 多轴应变片(应变花)

**图 3-4　金属箔式应变片**

(2)半导体应变片。半导体应变片是利用半导体材料沿晶轴方向受到机械应力作用时电阻率发生变化的压阻效应制作的。优点是灵敏系数大,比丝绕式、箔片式大几十倍,输出的信号大;横向效应系数小,机械滞后小,本身的体积小,便于制作小型传感器。缺点是电阻值和灵敏系数的温度稳定性差;压阻系数离散,故灵敏系数的离散度较大,而且拉伸和压缩时的灵敏系数也不相同;在大应变作用下,灵敏系数的非线性大。

4. 按敏感栅结构形状分类

金属应变片按敏感栅的结构形状分为下述几类:

(1)单轴应变片。单轴应变片一般是指具有一个敏感栅的应变片(见图3-3、

图 3-4a），主要用来测量单向应变。

（2）单轴多栅应变片。把几个单轴敏感栅粘贴在同一个基底上，可构成平行轴多栅应变片和同轴多栅应变片，如图 3-5 所示。使用这种应变片可方便地测量构件表面的应变梯度。

(a) 平行轴多栅应变片          (b) 同轴多栅应变片

**图 3-5　单轴多栅应变片**

（3）多轴应变片（应变花）。由两个或两个以上轴线相交成一定角度的敏感栅制成的应变片称为多轴应变片，也称为应变花，如图 3-6 所示。其敏感栅可由金属丝或金属箔制成。采用应变花可方便地测定平面应变状态下构件上某一点处的应变。

(a) 二轴90°      (b) 三轴45°      (c) 三轴60°      (d) 三轴120°

**图 3-6　多轴应变片（应变花）**

#### 5. 几种特殊的应变片

为了适应工程实际和某些力学实验的需求，还有一些特殊形状的应变片，主要有以下几种：

（1）裂纹扩展应变片。裂纹扩展应变片的敏感栅由平行栅条组成，用于检测构件在载荷作用下裂纹扩展的过程及扩展的速率，如图 3-7a 所示。实验时裂纹扩展应变片粘贴在构件裂纹尖端处，随着裂纹的扩展，栅条依次被拉断，应变片的电阻逐渐增加，即可推断裂纹的扩展情况。若同时记录各栅条断裂时间，即可算出裂纹的扩展速率。

（2）疲劳寿命片。疲劳寿命片粘贴在承受交变载荷的构件上时，应变片的电阻随构件的疲劳循环而增长，通常可用实验结合理论分析的方法建立经验公式，从而预测构件的疲劳寿命。

（3）大应变量应变片。大应变量应变片用于测量大应变或超弹性范围应变的场合，其极限应变通常为 5% ~20% ，如图 3-7b 所示。

（4）双层应变片。双层应变片适用于体积小或密封的容器内表面无法贴片的情况。双层应变片粘贴在被测容器的外表面,利用完全应变线性分布及轴向应变均匀分布等特点,测量弯曲及轴向应变。

（5）防水应变片。防水应变片适用于潮湿环境或水下,特别是高水压作用的环境。常温短期水下应变测量可在箔式应变片表面涂防护层（如水下环氧树脂）,长期测量需使用特制的防水应变片。

（6）屏蔽式应变片。屏蔽式应变片常用于电流变化幅度大及电磁干扰强的环境中的应变测量。应变片的上、下两面均有屏蔽层,以减小干扰,保证应变信号的准确传递。

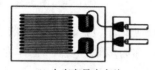

(a) 裂纹扩展应变片　　　　(b) 大应变量应变片

**图 3-7　特殊的应变片**

### 3.1.4　电阻应变片的主要工作特性

1. 应变片的电阻值 $R$

应变片的电阻是指应变片在室温环境、未经安装且不受力的情况下测定的电阻值,一般有 60 Ω、120 Ω、200 Ω、350 Ω、500 Ω、1000 Ω 等。最常用的为 120 Ω 和 350 Ω 两种。在相同工作电流作用的情况下,应变片的阻值越大,工作电压越高,测量灵敏度也越高。

2. 应变片的灵敏系数 $K$

应变片的灵敏系数 $K$ 为当应变片粘贴在处于单向应力状态的试件表面上,且其纵向（敏感栅纵线方向）与应力方向平行时,应变片的电阻变化率与试件表面贴片处沿应力方向的应变 $\varepsilon$（即沿应变片纵向的应变）的比值,即

$$K = \frac{\Delta R}{R} / \varepsilon \tag{3-9}$$

应变片的灵敏系数 $K$ 主要取决于敏感栅材料的灵敏系数 $K_s$,但还与敏感栅的结构形式、几何尺寸以及基底、粘结剂、厚度等有关,是受多种因素影响的综合性指标。应变片的灵敏系数不能通过理论计算得到,而是由生产厂家经抽样在专门的设备上进行标定来确定,并在包装上注明。常用金属应变片的灵敏系数为 2.0 ~ 2.4。

3. 应变片的横向效应系数 $H$

应变片的敏感栅中除了有纵向丝栅,还有圆弧形或直线形的横栅。横栅既对

应变片轴线方向的应变敏感,又对垂直于轴线方向的横向应变敏感。当敏感栅的纵栅因试件轴向伸长而引起电阻值增大时,其横栅则因试件横向缩短而引起电阻值减小,这种应变片输出包含横向应变影响的现象,称为应变片的横向效应。应变片横向效应的大小用横向效应系数 $H$ 衡量。一般而言,$H$ 值越小,横向效应影响越小,测量精度越高。

4. 应变片的机械滞后 $Z_j$

在恒定温度下,对安装应变片的试件加载和卸载,其加载曲线和卸载曲线不重合,这种现象称为应变片的机械滞后。机械滞后主要是由敏感栅、基底和粘结剂在承受机械应变之后留下的残余变形所致。应变片的机械滞后量,用在加载和卸载两过程中指示应变值之差的最大值 $Z_j$ 来表示,如图 3-8 所示。

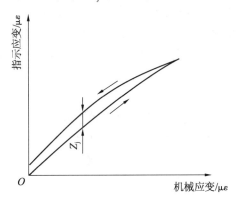

**图 3-8　应变片机械滞后**

5. 应变片的零点漂移和蠕变

在温度恒定的条件下,即使被测构件未承受应力,应变片的指示应变也会随时间的增加而逐渐变化,这一变化即称为零点漂移,简称零漂。如果温度恒定,且应变片承受恒定的机械应变,这时指示应变随时间的变化则称为蠕变。零漂和蠕变所反映的是应变片的性能随时间的变化规律,只有当应变片用于较长时间测量时才起作用。实际上,零漂和蠕变是同时存在的,在蠕变值中包含着同一时间内的零漂值。零漂产生的主要原因是敏感栅通上工作电流之后产生的温度效应、应变片在制造和安装过程中所造成的内应力及粘结剂固化不充分等。蠕变产生的主要原因是胶层在传递应变时出现的滑动。

6. 应变片的应变极限 $\varepsilon_{\lim}$

应变片的应变极限是指在温度恒定的条件下,应变片在不超过规定的非线性误差时,所能够工作的最大真实应变值。工作温度升高,会使应变极限明显下降。

**7. 应变片的疲劳寿命 $N$**

应变片的疲劳寿命是指在恒定幅值的交变应力作用下,应变片连续工作,直至产生疲劳损坏时的循环次数。当应变片出现以下三种情形之一时,即可认为是疲劳损坏:① 敏感栅或引线发生断路;② 应变片输出幅值变化 10%;③ 应变片输出波形上出现穗状尖峰。

**8. 应变片的绝缘电阻 $R_m$**

应变片的绝缘电阻是指敏感栅及引线与被测试件之间的电阻值。绝缘电阻过低,会造成应变片与试件之间漏电而产生测量误差。提高绝缘电阻的方法是选用电绝缘性能好的粘结剂和基底材料,并使其经过充分的固化处理。

**9. 应变片的热输出 $\varepsilon_t$**

应变片安装在可以自由膨胀的试件上,且试件不受外力作用,应变片随环境温度变化产生的应变输出,称为应变片的热输出,通常称为温度应变。产生应变片热输出的主要原因:① 敏感栅材料的电阻随温度变化;② 敏感栅材料与试件材料之间线膨胀系数的差异。

**10. 最大工作电流 $I_m$**

应变片的最大工作电流是指允许通过其敏感栅而不影响工作特性的最大电流值。增大工作电流,虽然能够增大应变片的输出信号而提高测量灵敏度,但如果由此产生太大的温升,则不仅会使应变片的灵敏系数发生变化,零漂和蠕变值明显增加,有时还会将应变片烧坏。

# 3.2 测量电桥基本原理

## 3.2.1 测量电桥的原理及特性

电测法是采用电阻应变片将应变转换为电阻的变化,然后将此微小的变化经过备有放大系统和读数系统的应变指示器(通常称为电阻应变仪)测出。它具有精度高、灵敏度高、测试方法简单、可进行现场和远距离测量等优点,在应变测量中得到了广泛的应用和发展。在工程实际中,物体的变形往往很小,所以电阻变化率也很小,而在测量精度上要求又高,且希望读数误差小,故需要专门的仪器进行测量,这就是电阻应变仪。但用应变片不能直接测量剪应变。

**1. 测量电桥工作原理**

应变由电阻应变仪进行测量,其测量电路是惠斯登电桥,如图 3-9 所示。若将粘贴在构件上的四个相同规格的应变片同时接入测量电桥,$R_1$、$R_2$、$R_3$ 和 $R_4$ 为四个桥臂,$U$ 为输入电压,$U_{BD}$ 为输出电压,流经 $ABC$ 的电流为

$$I_1 = \frac{U}{R_1 + R_2} \tag{3-10}$$

通过 $ADC$ 的电流为

$$I_2 = \frac{U}{R_3 + R_4} \tag{3-11}$$

则输出电压为

$$U_{BD} = U_{AB} - U_{AD} = I_1 R_1 - I_2 R_4$$

$$= \frac{R_1 R_3 - R_2 R_4}{(R_1 + R_2)(R_3 + R_4)} U \tag{3-12}$$

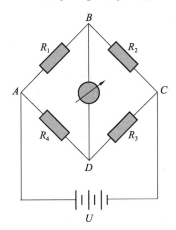

图 3-9　惠斯登电桥

从式(3-12)中可以看出,当 $R_1 R_3 = R_2 R_4$ 时,输出电压为零,此时称为电桥平衡。在构件受力前,电桥保持平衡;在构件受力后,各电阻应变片感受的应变分别为 $\varepsilon_1$、$\varepsilon_2$、$\varepsilon_3$ 和 $\varepsilon_4$,相应的电阻改变量分别为 $\Delta R_1$、$\Delta R_2$、$\Delta R_3$ 和 $\Delta R_4$,则式(3-12)的输出电压为

$$U_{BD} = \frac{(R_1 + \Delta R_1)(R_3 + \Delta R_3) - (R_2 + \Delta R_2)(R_4 + \Delta R_4)}{(R_1 + \Delta R_1 + R_2 + \Delta R_2)(R_3 + \Delta R_3 + R_4 + \Delta R_4)} U \tag{3-13}$$

将 $R_1 R_3 = R_2 R_4$ 代入式(3-13)后,如果除一阶项之外,其他高阶项 $\frac{\Delta R_i}{R_i}$ 全部忽略不计,可得

$$U_{BD} \approx CU\left( \frac{\Delta R_1}{R_1} - \frac{\Delta R_2}{R_2} + \frac{\Delta R_3}{R_3} - \frac{\Delta R_4}{R_4} \right) \tag{3-14}$$

式中:$C = \dfrac{R_1 R_2}{(R_1 + R_2)^2} = \dfrac{R_3 R_4}{(R_3 + R_4)^2}$。式(3-14)代表了电桥的输出电压与各桥臂电阻改变量的一般关系式。

**2. 四分之一桥（单臂半桥）**

若 $R_1$ 为粘贴在试样上的应变片（测量片），试样加载变形后产生的电阻增量为 $\Delta R_1$，而 $R_2$、$R_3$ 和 $R_4$ 不感受变形（单臂测量），且 $R_1 = R_2 = R_3 = R_4 = R$，则由式 (3-12) 可得

$$
\begin{aligned}
U_{BD} &= \frac{\Delta R_1 R_3 + (R_1 R_3 - R_2 R_4)}{(R_1 + \Delta R_1 + R_2)(R_3 + R_4)} U \\
&= \frac{\Delta R_1 R}{4R^2 + 2R\Delta R_1} U \\
&\approx \frac{\Delta R_1}{4R_1} U = \frac{1}{4} K \varepsilon_1 U
\end{aligned}
\tag{3-15}
$$

**3. 半桥（双臂半桥）**

若 $R_1$ 和 $R_2$ 为测量片，$R_3$ 和 $R_4$ 不感受变形（半桥测量），试样加载变形后产生的电阻增量分别为 $\Delta R_1$ 和 $\Delta R_2$，且 $R_1 = R_2 = R_3 = R_4 = R$，则由式 (3-12) 略去高阶小量可得

$$
U_{BD} = \frac{U}{4}\left(\frac{\Delta R_1}{R_1} - \frac{\Delta R_2}{R_2}\right) = \frac{UK}{4}(\varepsilon_1 - \varepsilon_2)
\tag{3-16}
$$

**4. 全桥（四臂全桥）**

若四个桥臂均为测量片，其电阻的变化量分别为 $\Delta R_1$、$\Delta R_2$、$\Delta R_3$ 和 $\Delta R_4$，代入式 (3-12)，略去高阶小量可得

$$
\begin{aligned}
U_{BD} &= \frac{U}{4}\left(\frac{\Delta R_1}{R_1} - \frac{\Delta R_2}{R_2} + \frac{\Delta R_3}{R_3} - \frac{\Delta R_4}{R_4}\right) \\
&= \frac{UK}{4}(\varepsilon_1 - \varepsilon_2 + \varepsilon_3 - \varepsilon_4)
\end{aligned}
\tag{3-17}
$$

式 (3-17) 表明，应变片感受到的应变通过测量电桥可以转换成电压信号，此信号经过应变仪放大处理，再用应变仪输出的读数应变 $\varepsilon_{ds}$ 表示出来，即

$$
\varepsilon_{ds} = \varepsilon_1 - \varepsilon_2 + \varepsilon_3 - \varepsilon_4
\tag{3-18}
$$

由式 (3-18) 可知，测量电桥有以下特性：

（1）相邻相减。两相邻桥臂上应变片的应变代数相减，即应变同号时，输出应变为两相邻桥臂应变之差，异号时为两相邻桥臂应变之和。

（2）相对相加。两相对桥臂上应变片的应变代数相加，即应变同号时，输出应变为两相对桥臂应变之和，异号时为两相对桥臂应变之差。

### 3.2.2　温度补偿

应变片的电阻值对温度的变化很敏感，另外，由于应变片与构件的线膨胀系数

不同,也将引起应变片的电阻值发生变化。因此,在测量过程中,当工作环境的温度发生变化时,所测得的应变不能反映构件的真实应变。所以,应消除温度变化引起的测量误差。

1. 温度补偿片法(另补)

为消除温度变化的影响,在测量中,通常采用温度补偿片法,即用一片与工作片规格相同的应变片,贴在一块与被测试件相同但不受力的试件上,放置在试件附近,使它们处于同一温度场中,将工作片与温度补偿片分别接入电桥,如图 3-10 所示。若 $R_1$ 为承受外力的应变片,称为工作片或测量片,则 $R_2$ 采用与 $R_1$ 相同的应变片,但 $R_2$ 是不受力的应变片,称为温度补偿片,把 $R_2$ 粘贴在与被测构件相同的材料上,放在与 $R_1$ 相同的环境中,但不受载荷,这样,温度变化时 $R_1$ 和 $R_2$ 产生的电阻变化 $\Delta R_1$ 和 $\Delta R_2$ 相同。

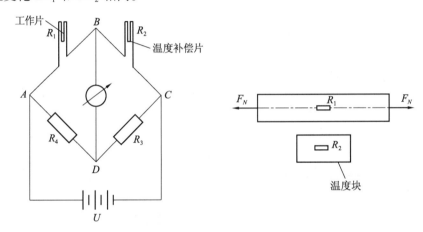

**图 3-10　温度补偿片法补偿原理**

设 $R_1$ 由于构件受载荷作用产生的电阻变化为 $\Delta R_1$,则 $\Delta R_1 = \Delta R_{1F} + \Delta R_{1t}$,$\Delta R_2 = \Delta R_{2t}$,且 $\Delta R_{1t} = \Delta R_{2t}$,由式(3-15)可得

$$U_{BD} = \frac{U}{4}\left(\frac{\Delta R_{1F} + \Delta R_{1t}}{R_1} - \frac{\Delta R_{2t}}{R_2}\right) = \frac{U}{4}\frac{\Delta R_{1F}}{R_1} = \frac{UK}{4}\varepsilon_1 \tag{3-19}$$

式(3-19)表明,采用温度补偿片后,即可消除温度变化造成的影响,这种方法也称为另补。

2. 工作片补偿法(自补)

在同一被测构件上粘贴几个工作应变片,将它们适当地接入电桥中(如相邻桥臂)。当试件受力且测点环境温度变化时,每个应变片的应变中都包含外力和温度引起的应变,由式(3-12)可知,在应变仪的读数应变中能消除温度变化所引起的变化,从而得到所测量的应变值,这种方法称为工作片补偿法或自补,即工作应变片既参与工作,又起到温度补偿作用。如图 3-11 所示的电阻应变片接线方式,其中 $R_1$ 和 $R_2$ 是相互垂直地贴于拉伸构件上的应变片,则 $R_1$ 和 $R_2$ 的应变值分别为

$$\varepsilon_1 = \varepsilon_{1F} + \varepsilon_{1t} \tag{3-20}$$

$$\varepsilon_2 = \varepsilon_{2F} + \varepsilon_{2t} = -\mu\varepsilon_{1F} + \varepsilon_{2t} \tag{3-21}$$

式中:$\varepsilon_{1F}$ 为构件的轴向应变;$\mu$ 为构件材料的泊松比。且 $\varepsilon_{1t} = \varepsilon_{2t}$,将 $\varepsilon_1$ 和 $\varepsilon_2$ 代入式(3-16)后,得读数值为

$$\varepsilon_{ds} = \varepsilon_1 - \varepsilon_2 = \varepsilon_{1F} + \varepsilon_{1t} - (-\mu\varepsilon_{1F} + \varepsilon_{2t})$$
$$= (1 + \mu)\varepsilon_{1F} \tag{3-22}$$

这样,虽然没有单独设置温度补偿片,但温度变化的影响已得到自动补偿,且提高了测量的灵敏度。

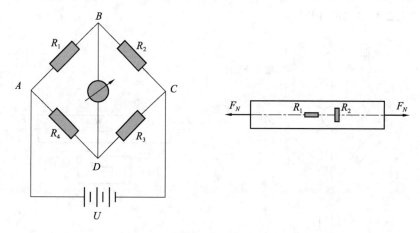

图 3-11　工作片补偿法补偿原理

## 3.3　应变测量和应力计算

在进行实际测试时,首先应对构件的应力情况进行初步分析,确定测量点的位置,然后根据测量点的应力状态、温度变化情况以及对测量精度的要求,来确定布片和接线方案。下面用实例来说明各种情况下测试方案的选择。

### 3.3.1　单向应力状态

若测量点处于单向应力状态,并已知该点处的主应力方向,则可在该点沿主应力方向粘贴一应变片,测得主应变 $\varepsilon$ 后,由胡克定律即可求出该点处的主应力为

$$\sigma = E\varepsilon \tag{3-23}$$

式中:$E$ 为被测件材料的弹性模量。

**例 3-1**　纯弯曲矩形截面梁,已知材料的弹性模量为 $E$,泊松比为 $\mu$,承受弯矩 $M$。要求测定梁的最大弯曲正应力。试确定布片和接线方案,并建立计算公式。

**解:** 在梁的任意截面的上、下表面,纵向正应变大小相等、符号相反。

第一方案,如图 3-12 所示。采用半桥接线,把贴在梁上、下表面且平行于轴线的应变片作为 $R_1$ 和 $R_2$。这时,仪器上的读数为

$$\varepsilon_{ds} = \varepsilon_1 - \varepsilon_2 = \varepsilon_W + \varepsilon_t - ( -\varepsilon_W + \varepsilon_t ) = 2\varepsilon_W$$

故梁上、下表面的轴向应变为

$$\varepsilon_W = \frac{\varepsilon_{ds}}{2}$$

由胡克定律得梁的最大应力为

$$\sigma_W = E\varepsilon_W = \frac{1}{2}E\varepsilon_{ds}$$

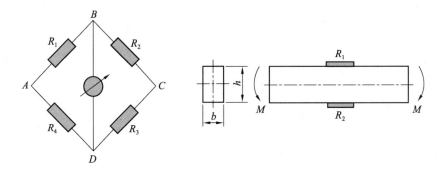

**图 3-12　半桥接线**

按照这一方案,读数 $\varepsilon_{ds}$ 是实际应变 $\varepsilon_W$ 的两倍,所以提高了测量的灵敏度。但当梁的上、下表面的温度不同时,此方案不能消除温度的影响,应采用下面的第二方案。

第二方案,如图 3-13 所示。采用全桥接线,把贴在梁上、下表面且平行于轴线的应变片作为 $R_1$ 和 $R_2$,垂直于轴线的应变片作为 $R_3$ 和 $R_4$。这时,仪器读数为

$$\begin{aligned}
\varepsilon_{ds} &= \varepsilon_1 - \varepsilon_2 + \varepsilon_3 - \varepsilon_4 \\
&= (\varepsilon_W + \varepsilon_{t1}) - (-\varepsilon_W + \varepsilon_{t2}) + (\mu\varepsilon_W + \varepsilon_{t2}) - (-\mu\varepsilon_W + \varepsilon_{t1}) \\
&= 2(1+\mu)\varepsilon_W
\end{aligned}$$

由此求得梁上、下表面轴向应变 $\varepsilon_W$ 及最大弯曲应力 $\sigma_W$ 分别为

$$\varepsilon_W = \frac{\varepsilon_{ds}}{2(1+\mu)}$$

$$\sigma_W = E\varepsilon_W = \frac{E}{2(1+\mu)}\varepsilon_{ds}$$

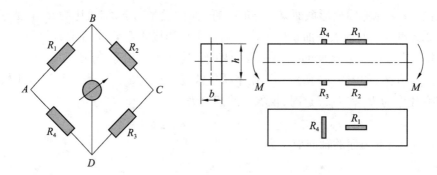

**图 3-13　全桥接线**

　　以上仅作为例子举出了两种方案,当然,还有另外的布片、接线方案亦能达到题目的要求,建议读者自行分析。

　　**例 3-2**　拉、弯组合变形下的直杆,其轴力为 $F$,弯矩为 $M$,材料的弹性模量为 $E$,泊松比为 $\mu$。要求只测定由轴力 $F$ 引起的拉应力 $\sigma_F$。试确定布片和接线方案,并建立相应的计算公式。

　　**解:** 杆件受力后,任意截面上的任一点的正应变方向均平行于杆轴线,则可在某截面的上、下表面沿杆轴线方向分别粘贴工作应变片 $R_1$ 和 $R_3$。$R_1$ 和 $R_3$ 不仅感受由轴力引起的应变 $\varepsilon_F$,还感受由弯矩引起的应变 $\varepsilon_W$ 及由温度变化引起的误差 $\varepsilon_t$。为了消除弯矩和温度变化的影响,将贴有补偿应变片 $R_2$ 和 $R_4$ 的补偿块置于上述工作片附近,然后接成全桥线路,如图 3-14 所示。这样,当杆受力后,由于

$$\varepsilon_1 = \varepsilon_F + \varepsilon_W + \varepsilon_t$$

$$\varepsilon_2 = \varepsilon_t$$

$$\varepsilon_3 = \varepsilon_F - \varepsilon_W + \varepsilon_t$$

$$\varepsilon_4 = \varepsilon_t$$

得应变仪读数为

$$\begin{aligned}
\varepsilon_{ds} &= \varepsilon_1 - \varepsilon_2 + \varepsilon_3 - \varepsilon_4 \\
&= (\varepsilon_F + \varepsilon_W + \varepsilon_t) - \varepsilon_t + (\varepsilon_F - \varepsilon_W + \varepsilon_t) - \varepsilon_t \\
&= 2\varepsilon_F
\end{aligned}$$

则由轴力 $F$ 引起的应力 $\sigma_F$ 为

$$\sigma_F = E\varepsilon_F = \frac{E}{2}\varepsilon_{ds}$$

　　以上分析表明,当采用图 3-14 所示的方案进行测量时,不仅可以消除弯曲和温度变化的影响,而且可以将读数灵敏度提高一倍。

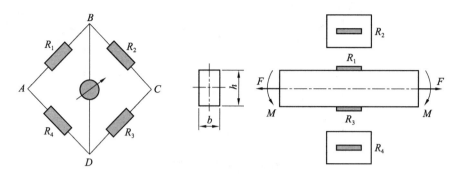

**图 3-14　全桥接线**

### 3.3.2　已知主应力方向的二向应力状态

若测量点处于二向应力状态,且其主应力方向已知,则只需在该点的两个主应力方向上粘贴应变片,测得主应变 $\varepsilon_i$ 和 $\varepsilon_j$。然后根据广义胡克定律,即可求出相应的主应力:

$$\sigma_i = \frac{E}{1-\mu^2}(\varepsilon_i + \mu\varepsilon_j)$$
$$\sigma_j = \frac{E}{1-\mu^2}(\varepsilon_j + \mu\varepsilon_i) \tag{3-24}$$

**例 3-3**　设圆截面轴承受扭矩为 $T$,材料的弹性模量为 $E$,泊松比为 $\mu$。要求测出最大扭转剪应力 $\tau_{max}$。试确定布片和接线方案,并建立计算公式。

**解**:圆轴承受扭矩时,在圆轴表面与轴线成 45°的方向是主应力方向,且 $\sigma_1 = -\sigma_3 = \tau_{max}$,因此,与 $\sigma_1$ 和 $\sigma_3$ 相对应的主应变 $\varepsilon_1$ 和 $\varepsilon_3$ 存在下列关系:

$$\varepsilon_1 = -\varepsilon_3$$

按照图 3-15 所示的贴片、接线方案,应变仪读数为

$$\varepsilon_{ds} = \varepsilon_a - \varepsilon_b = \varepsilon_T + \varepsilon_t - \varepsilon_t = \varepsilon_T$$
$$\tau_{max} = \sigma_1 = \frac{E}{1-\mu^2}(\varepsilon_1 + \mu\varepsilon_3) = \frac{E}{1+\mu}\varepsilon_{ds}$$

可见,只需在 $\sigma_1$ 方向贴一工作片,并将它和补偿片接成半桥线路,即可测得主应变,并由此得到最大扭转剪应力值。也可以采用另外的布片、接线方案来提高读数的灵敏度。

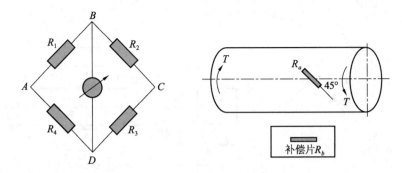

**图 3-15　扭转剪应力接线**

**例 3-4**　扭、拉、弯曲组合变形的圆形直杆,其直径为 $d$,材料的弹性模量为 $E$,泊松比为 $\mu$。要求测出扭矩 $T$、轴力 $F$ 和弯矩 $M$,试确定布片、接线方案,导出 $T$、$F$、$M$ 的计算公式。

**解:**(1)测量并计算扭矩 $M$

如图 3-16 所示,在圆杆直径 $pq$(位于杆中性层面内)的两端,在与杆轴线成 45°方向贴应变片,接全桥线路。由此可见,当杆件受力后,应变片 1 反映的应变为

$$\varepsilon_1 = \varepsilon_T + \varepsilon_F + \varepsilon_t$$

式中:$\varepsilon_T$ 为扭矩引起的应变;$\varepsilon_F$ 为轴力引起的应变;$\varepsilon_t$ 为温度变化引起的误差。应变片 2、3、4 所反映的应变则分别为

$$\varepsilon_2 = -\varepsilon_T + \varepsilon_F + \varepsilon_t$$

$$\varepsilon_3 = \varepsilon_T + \varepsilon_F + \varepsilon_t$$

$$\varepsilon_4 = -\varepsilon_T + \varepsilon_F + \varepsilon_t$$

应变仪的读数即为

$$
\begin{aligned}
\varepsilon_{ds} &= \varepsilon_1 - \varepsilon_2 + \varepsilon_3 - \varepsilon_4 \\
&= (\varepsilon_T + \varepsilon_F + \varepsilon_t) - (-\varepsilon_T + \varepsilon_F + \varepsilon_t) + (\varepsilon_T + \varepsilon_F + \varepsilon_t) - (-\varepsilon_T + \varepsilon_F + \varepsilon_t) \\
&= 4\varepsilon_T
\end{aligned}
$$

$$\varepsilon_T = \frac{\varepsilon_{ds}}{4}$$

$$\tau_{max} = \sigma_1 = \frac{E}{1-\mu^2}(\varepsilon_1 + \mu\varepsilon_3) = \frac{E}{4(1+\mu)}\varepsilon_{ds}$$

所以扭矩 $T$ 为

$$T = \tau_{max}W_t = \frac{\pi E d^3}{64(1+\mu)}\varepsilon_{ds}$$

式中:$W_t$ 为抗扭截面系数,$W_t = \dfrac{\pi d^3}{16}$。

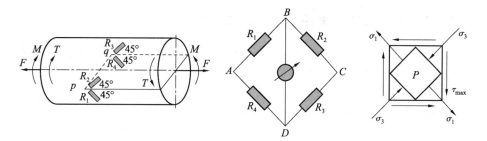

**图 3-16　扭、拉、弯曲组合变形的测试**

（2）测量并计算轴力 $F$

在圆轴的上、下表面沿杆轴线及垂直于轴线方向贴上应变片,如图 3-17 所示。采用全桥接线,杆件受力后,应变片的应变为( 均略去 $\varepsilon_t$ )

$$\varepsilon_1 = \varepsilon_F + \varepsilon_W$$

$$\varepsilon_2 = -\mu\varepsilon_1 = -\mu(\varepsilon_F + \varepsilon_W)$$

$$\varepsilon_3 = \varepsilon_F - \varepsilon_W$$

$$\varepsilon_4 = -\mu(\varepsilon_F - \varepsilon_W)$$

则应变仪读数为

$$\begin{aligned}\varepsilon_{ds} &= \varepsilon_1 - \varepsilon_2 + \varepsilon_3 - \varepsilon_4 \\ &= (\varepsilon_F + \varepsilon_W) + \mu(\varepsilon_F + \varepsilon_W) + (\varepsilon_F - \varepsilon_W) + \mu(\varepsilon_F - \varepsilon_W) \\ &= 2(1 + \mu)\varepsilon_F\end{aligned}$$

$$\varepsilon_F = \frac{\varepsilon_{ds}}{2(1 + \mu)}$$

$$F = E\varepsilon_F A = \frac{\pi Ed^2}{8(1 + \mu)}\varepsilon_{ds}$$

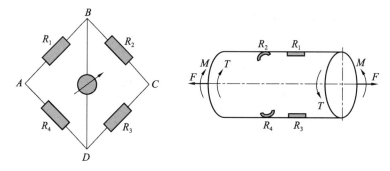

**图 3-17　全桥接线**

（3）测量并计算弯矩 $M$

仍用图 3-17 的布片方案,采用全桥接线。请读者自行推导弯矩 $M$ 的计算公式。

### 3.3.3 主应力方向未知的二向应力状态

若测量点为二向应力状态,且其主应力的大小和方向均难以事先确定,这时共有三个未知量,则必须测出该点在三个不同方向的正应变值方能求解。

如图 3-18 所示,设 $O$ 点处沿 $x$、$y$ 方向的正应变分别为 $\varepsilon_x$、$\varepsilon_y$,剪应变为 $\gamma_{xy}$,则由应变转换公式可知,沿 $\alpha_1$、$\alpha_2$ 和 $\alpha_3$ 方向的正应变 $\varepsilon_{\alpha_1}$、$\varepsilon_{\alpha_2}$ 和 $\varepsilon_{\alpha_3}$ 分别为

$$
\begin{cases}
\varepsilon_{\alpha 1} = \dfrac{\varepsilon_x + \varepsilon_y}{2} + \dfrac{\varepsilon_x - \varepsilon_y}{2}\cos 2\alpha_1 - \dfrac{\gamma_{xy}}{2}\sin 2\alpha_1 \\[2mm]
\varepsilon_{\alpha 2} = \dfrac{\varepsilon_x + \varepsilon_y}{2} + \dfrac{\varepsilon_x - \varepsilon_y}{2}\cos 2\alpha_2 - \dfrac{\gamma_{xy}}{2}\sin 2\alpha_2 \\[2mm]
\varepsilon_{\alpha 3} = \dfrac{\varepsilon_x + \varepsilon_y}{2} + \dfrac{\varepsilon_x - \varepsilon_y}{2}\cos 2\alpha_3 - \dfrac{\gamma_{xy}}{2}\sin 2\alpha_3
\end{cases}
\tag{3-25}
$$

因此,当由实验测得 $\varepsilon_{\alpha_1}$、$\varepsilon_{\alpha_2}$ 和 $\varepsilon_{\alpha_3}$ 后,由上述方程组可求出 $\varepsilon_x$、$\varepsilon_y$ 和 $\gamma_{xy}$,则得与此相应的应力 $\sigma_x$、$\sigma_y$ 和 $\tau_{xy}$ 为

$$
\begin{cases}
\sigma_x = \dfrac{E}{1-\mu^2}(\varepsilon_x + \mu\varepsilon_y) \\[2mm]
\sigma_y = \dfrac{E}{1-\mu^2}(\varepsilon_y + \mu\varepsilon_x) \\[2mm]
\tau_{xy} = G\gamma_{xy} = \dfrac{E}{2(1+\mu)}\gamma_{xy}
\end{cases}
\tag{3-26}
$$

式中: $G$ 为剪切弹性模量。

在实测中,为便于计算和使用,通常选取 $\sigma_1 = 0°$、$\sigma_2 = 45°$、$\sigma_3 = 90°$ 或选取 $\sigma_1 = 0°$、$\sigma_2 = 60°$、$\sigma_3 = 120°$,并分别按所选角度将三个电阻栅粘贴在同一基底上,形成应变花,前者称为直角应变花或三轴 $45°$ 应变花,后者称为等角应变花或三轴 $60°$ 应变花,这是两种常用的应变花,如图 3-18 所示。

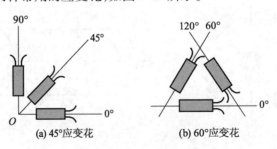

**图 3-18 应变花示意图**

实验中,薄壁圆筒布片示意图如图 3-19a 所示,取 Ⅰ-Ⅰ 截面的 $A$、$B$、$C$、$D$ 四个被测点,其应力状态如图 3-19b 所示。每点处按 $-45°$、$0°$、$+45°$ 方向粘贴一枚三轴

45°应变花,如图 3-19c 所示。考虑到 $C$、$D$ 分别与 $A$、$B$ 对称,故实验中只需测定 $A$、$B$ 两点的应变。

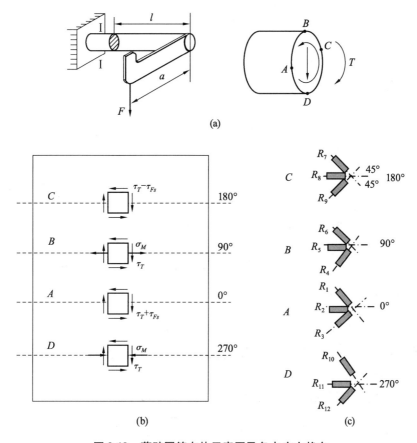

**图 3-19  薄壁圆筒布片示意图及各点应力状态**

将 0°、45°、−45° 片分别与补偿片接四分之一桥可测得各方向应变,其转换公式如下:

$$\begin{cases} \varepsilon_{0°} \\ \varepsilon_{45°} \\ \varepsilon_{-45°} \end{cases} \Rightarrow \begin{cases} \varepsilon_x \\ \varepsilon_y \\ \gamma_{xy} \end{cases} \Rightarrow \begin{cases} \sigma_x \\ \sigma_y \\ \tau_{xy} \end{cases} \Rightarrow \begin{cases} \sigma_1 \\ \sigma_2 \\ \sigma_3 \end{cases} \tag{3-27}$$

如果采用直角应变花,则由式(3-25)可知

$$\begin{cases} \varepsilon_x = \varepsilon_{0°} \\ \varepsilon_y = \varepsilon_{90°} \\ \gamma_{xy} = \varepsilon_{0°} + \varepsilon_{90°} - 2\varepsilon_{45°} \end{cases} \tag{3-28}$$

将式(3-28)代入式(3-26),得

$$\begin{cases} \sigma_x = \dfrac{E}{1-\mu^2}(\varepsilon_{0°} + \mu\varepsilon_{90°}) \\[2mm] \sigma_y = \dfrac{E}{1-\mu^2}(\varepsilon_{90°} + \mu\varepsilon_{0°}) \\[2mm] \tau_{xy} = G\gamma_{xy} = \dfrac{E}{2(1+\mu)}(\varepsilon_{0°} + \varepsilon_{90°} - 2\varepsilon_{45°}) \end{cases} \tag{3-29}$$

将式(3-29)代入主应力公式

$$\begin{cases} \sigma_1 \\ \sigma_2 \end{cases} = \frac{\sigma_x + \sigma_y}{2} \pm \sqrt{\left(\frac{\sigma_x - \sigma_y}{2}\right)^2 + \tau_{xy}^2} \tag{3-30}$$

则得该点的主应力 $\sigma_1$、$\sigma_2$ 分别为

$$\begin{cases} \sigma_1 \\ \sigma_2 \end{cases} = \frac{E(\varepsilon_{0°} + \varepsilon_{90°})}{2(1-\mu)} \pm \frac{\sqrt{2}E}{2(1+\mu)} \sqrt{(\varepsilon_{0°} - \varepsilon_{45°})^2 + (\varepsilon_{45°} - \varepsilon_{90°})^2} \tag{3-31}$$

另外,若将式(3-29)代入主应力的方向角公式

$$\tan 2\alpha_0 = \frac{-2\tau_{xy}}{\sigma_x - \sigma_y} \tag{3-32}$$

则得该点的主应力的方向角为

$$\tan 2\alpha_0 = \frac{2\varepsilon_{45°} - \varepsilon_{0°} - \varepsilon_{90°}}{\varepsilon_{0°} - \varepsilon_{90°}} \tag{3-33}$$

若采用等角应变花,同理可求出该点的主应力 $\sigma_1$、$\sigma_2$ 分别为

$$\begin{cases} \sigma_1 \\ \sigma_2 \end{cases} = \frac{E}{3(1-\mu)}(\varepsilon_{0°} + \varepsilon_{60°} + \varepsilon_{120°}) \pm \frac{\sqrt{2}E}{3(1+\mu)} \times$$
$$\sqrt{(\varepsilon_{0°} - \varepsilon_{60°})^2 + (\varepsilon_{60°} - \varepsilon_{120°})^2 + (\varepsilon_{120°} - \varepsilon_{0°})^2} \tag{3-34}$$

主应力的方向角为

$$\tan 2\alpha_0 = \frac{\sqrt{3}(\varepsilon_{60°} - \varepsilon_{120°})}{2\varepsilon_{0°} - \varepsilon_{60°} - \varepsilon_{120°}} \tag{3-35}$$

**例3-5** 图3-20所示平面应力状态是一种常见的应力状态。设已知材料的弹性模量为 $E$,泊松比为 $\mu$,要求测出应力 $\sigma_x$ 和 $\tau_{xy}$,试确定布片方案,并建立计算公式。

**解:** 由图可知 $\sigma_y = 0$。所以,为了测定 $\sigma_x$ 和 $\tau_{xy}$,只需粘贴两个应变片即可。设沿 $x$ 轴方向及与 $x$ 轴成45°方向各粘贴一应变片,并测得这两个方向的应变分别为 $\varepsilon_{0°}$ 和 $\varepsilon_{45°}$,由于

$$\varepsilon_y = \varepsilon_{90°} = -\mu\varepsilon_{0°}$$

因此,$\gamma_{xy} = \varepsilon_{0°} - \mu\varepsilon_{0°} - 2\varepsilon_{45°} = (1-\mu)\varepsilon_{0°} - 2\varepsilon_{45°}$,得

$$\sigma_x = \frac{E}{1-\mu^2}(\varepsilon_{0°} + \mu\varepsilon_{90°}) = \frac{E}{1+\mu}\varepsilon_{0°}$$

$$\tau_{xy} = G\gamma_{xy} = \frac{E}{2(1+\mu)}\left[(1-\mu)\varepsilon_{0°} - 2\varepsilon_{45°}\right]$$

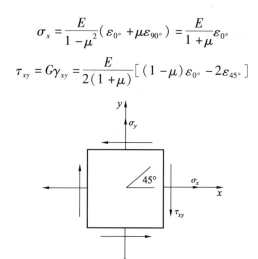

图 3-20　平面应力状态

# 3.4　电阻应变片的粘贴

　　应力测量是工程中很重要的测量内容,一般均采用电阻应变法测量应变而求得。要达到预期的测量目的或使实验成功,必须掌握电阻应变片的粘贴技术。因此,粘贴工艺是应变测试中非常重要的环节。应变片粘贴的好坏直接影响构件表面的应变能否正确、可靠地传递到敏感栅,影响测试的精度。

### 3.4.1　实验目的

1. 学习并掌握常温电阻应变片的粘贴技术。
2. 在结构上粘贴应变片,测量该位置的应变应力值,并与理论值比较。

### 3.4.2　实验设备及耗材

1. 电阻应变片,接线端子。
2. 数字万用电表,测量导线。
3. 悬臂梁、砝码、温度补偿块等。
4. 砂布、丙酮、药棉等清洗器材。
5. 502 胶、防潮剂、玻璃纸及胶带。
6. 划针、镊子、电烙铁、剪刀等。

### 3.4.3　实验方法和步骤

1. 检查和分选应变片

贴片前应对应变片进行外观检查和阻值测量。检查应变片的敏感栅有无锈斑、基底和盖层有无破损、引线是否牢固等。阻值测量的目的是检查应变片是否有断路、短路情况，并按阻值进行分选，以保证使用同一温度补偿片的一组应变片的阻值相差不超过 $0.1\ \Omega$。

2. 粘贴表面的准备

首先除去构件粘贴表面的油污、漆、锈斑、电镀层等，用砂布交叉打磨出细纹以增加粘结力，接着用浸有酒精（或丙酮）的纱布片或脱脂棉球擦洗（钢试件用丙酮棉球，铝试件用酒精棉球），并用钢针画贴片定位线。最后，再进行一次擦洗，直至纱布片或棉球上不见污迹为止。

3. 贴片

一手用镊子镊住应变片引线，一手拿 502 胶，在应变片基底底面涂上 502 胶（挤上一滴 502 胶即可），立即将应变片底面向下放在试件被测位置上，并使应变片基准对准定位线。将一小片薄膜盖在应变片上，用手指柔和地滚压挤出多余的胶，然后手指静压 1 min，使应变片和试件完全粘合再放开。从应变片无引线的一端向有引线的一端揭掉薄膜。检查应变片与试件之间有无气泡、翘曲、脱胶等现象，若有则重新贴。（注意：502 胶不能用得过多或过少，过多使胶层太厚影响应变片测试性能，过少则粘贴不牢不能准确传递应变，也影响应变片测试性能。此外，小心不要被 502 胶粘住手指，如被粘住用丙酮泡洗。）

4. 固化

贴片时最常用的是氰基丙烯酸酯粘结剂（如 502 胶水、501 胶水粘结剂）。用它贴片后，只要在室温下放置数小时即可充分固化，而且具有较强的粘结性能。对于需要加温固化的粘结剂，应严格按规范进行，一般是用红外线烘烤，但加温速度不能太快，以免产生气泡。

5. 测量导线的焊接与固定

待粘结剂初步固化后，即可焊接导线。常温静态应变测量时，导线可采用直径为 $0.1\sim0.3$ mm 的单丝纱包铜线或多股铜芯塑料软线。

导线与应变片引线之间最好使用接线端子片，如图 3-21 所示。接线端子片应粘贴在应变片附近，将导线与应变片引线都焊接在端子片上。常温应变片均用锡焊。为了防止虚焊，必须除尽焊接端的氧化皮、绝缘物，再用酒精、丙酮等溶剂清洗，焊接要准确迅速。

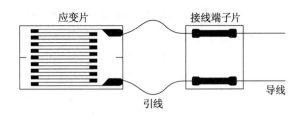

**图 3-21　接线端子片固定导线示意图**

已焊好的导线应在试件上沿途固定,固定的方法有用胶布粘、用胶粘(如 502 胶)等。

6. 检查

对已充分固化并已接好导线的应变片,在正式使用前必须进行质量检查。除对应变片做外观检查外,还应检查应变片是否粘贴良好、贴片方位是否正确、有无短路或断路、绝缘电阻是否符合要求(一般不低于 100 MΩ)等。

7. 电阻应变片的防护

对安装后的应变片,应采取恰当的防潮措施。防护方法的选择取决于应变片的工作条件、工作期限及所要求的测量精度。对于常温应变片,常采用硅橡胶密封剂防护方法。这种方法是将硅橡胶直接涂在经一般清洁处理后的应变片周围,在室温下经 12 ~ 24 h 即可粘合固化,放置时间越长,粘合效果越好。硅橡胶使用方便、防潮性能好、附着力强、存储期长、耐高低温、对应变片无腐蚀作用,但强度较低。另外,环氧树脂、石蜡或凡士林也可作为防潮保护材料。

### 3.4.4　注意事项

应变片的粘贴工序非常重要,每道工序均需严格按操作规定执行,才能保证质量,其注意事项如下:

1. 应变片的选择。根据应力测试和传感器精度要求,对照应变片系列表选择相应的应变片。

2. 应变片粘贴胶选择。根据所选应变片系列选择相应的粘贴胶。

3. 试件表面的处理。一般采用细砂纸(布)对构件或弹性体粘贴面进行交叉打磨,使试件表面呈细密、均匀的粗糙毛面,其面积要大于应变片的面积。如有条件可采用喷砂处理。严禁划伤构件表面。

4. 清洗。打磨后的表面采用纯度较高的无水乙醇、丙醇、三氯乙烯等有机溶剂反复清洗,确保贴片部位清洁、干净。

5. 贴片、固化。粘贴位置确定后,取适量胶液均匀涂刷在被粘处表面,将应变片表面用无水乙醇棉球擦洗干净,晾干后涂一薄层胶液,待胶液变稠后,将应变片准确粘贴在试件表面,其上盖一层聚四氟乙烯薄膜,用手指顺着应变片的轴向挤出多余胶液并排出胶层中的气泡。(注意:整个操作过程都不能用手触摸应变片两表面。)再在聚四氟乙烯薄膜上盖上耐温硅橡胶板,并施加一定的压力,按应变片贴粘胶使用说明书提供的温度、时间、压力进行固化和稳定化处理。

6. 粘贴质量检查。应检查贴片位置是否准确、粘贴层是否有气泡和杂质、敏感栅有无断栅和变形、应变片粘贴前后的阻值变化、绝缘电阻等是否符合要求。

7. 应变片的防护。为了防止粘贴好的应变片受潮和腐蚀物质的浸蚀,并防止机械损伤,对应变片应采取一定的保护措施。对防护层的主要要求是:防潮性能好,有良好的粘着力,无腐蚀作用等。

# 第4章 材料力学性能试验

材料的力学性能与试样的形状、尺寸、表面加工精度、加载速度、周围环境（温度、介质等）等有关，为使试验结果具有可比性，国家标准对试样的取材、形状、尺寸、加工精度、试验手段和方法及数据处理等都做了统一规定，可运用相关试验设备进行试验测试。

## 4.1 试验设备与仪器

测定材料力学性能的常用试验机有万能试验机、扭转试验机、冲击试验机和疲劳试验机等。

### 4.1.1 电子万能试验机

万能试验机是检测材料机械性能的主要设备，可对各种材料进行拉伸、压缩、弯曲等多项性能试验。万能试验机有液压式、机械式、电子机械式等类型，其中电子万能试验机是采用各类传感器进行力和变形检测，通过微机控制的机械式试验机，其突出的特点是试验过程可由计算机控制，能自动、精确地测量、控制和显示试验力、位移和变形。不同厂家制造的电子万能试验机的结构和功能略有差异，但基本结构和工作原理相似，主要由加载系统、测量系统、驱动系统、控制系统及计算机等组成。下面以国产 DNS100 电子万能试验机为例，介绍其基本组成、原理和使用方法。

1. 试验机主机结构与工作原理

电子万能试验机结构如图 4-1 所示。

（1）加载系统

加载系统主要由负荷机架、传动系统、夹持系统与位置保护装置组成。负荷机架由两立柱支承上横梁与工作台板构成门式框架，移动横梁将门式框架分成拉、压（弯曲）两个试验空间。拉伸夹具安装在移动横梁与上横梁之间，压缩和弯曲夹具安装在移动横梁与工作台板之间。两丝杠穿过移动横梁两端安装在上横梁与工作台板之间，工作台板由两个支脚支承在底板上。工作时，伺服电机驱动机械传动减速器,进而带动丝杠传动,驱使移动横梁上下移动,从而实现对试样的加载。

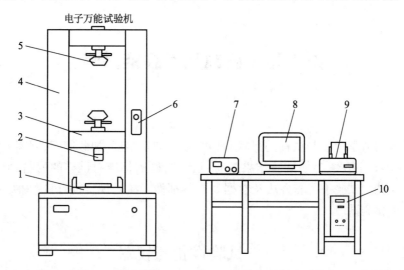

1—底座;2—压头;3—移动横梁;4—立柱;5—拉伸夹具;6—手控盒;7—控制器;
8—显示器;9—打印机;10—计算机主机

**图 4-1　电子万能试验机布局图**

（2）测量系统

测量系统负责数据测量和试验控制,试样受力变形时,试验机通过负荷传感器、引伸计、位移传感器获得相应的信号,经放大后,将数据传给微机,在显示屏上以数字显示试验力、试样变形和横梁位移,并自动绘出试验力－变形或试验力－位移曲线等。测量主要包括:① 力值的测量。通过测力传感器、放大器和数据处理系统来实现测量,最常用的测力传感器是应变片式传感器。② 变形的测量。利用电子引伸计和大变形测量系统,测量试样在试验过程中产生的形变。③ 横梁位移的测量。其原理与变形的测量大致相同。

（3）驱动系统

驱动系统主要用于控制试验机的横梁移动,其工作原理是由伺服系统控制电机,电机经过减速箱等一系列传动机构带动丝杆转动,从而达到控制横梁移动的目的。通过改变电机的转速,可以改变横梁的移动速度。

（4）控制系统

控制系统是控制试验机动作的系统,主要通过计算机控制试验机的运作,通过显示屏可以获知试验机的状态及各项试验参数,并进行数据处理分析、试验结果打印。试验机与计算机之间的通信一般使用 RS232 串行通信方式,通过计算机背后的串口(COM 号)进行通信,此技术比较成熟、可靠,使用方便。

2. 控制软件

TestExperts. NET 软件是应用于电子万能试验机和扭转等静态试验机的通用程序。它通过与测量系统进行通信来实现对试验过程中的数据的采集和控制。该软件通常可完成拉伸、压缩、弯曲三种试验,有力控制、变形控制和速度控制等多种控制方式。

### 4.1.2　电子引伸计

电子引伸计是用来测量物体两点间变形的传感器,分为电阻应变式、电容式、电感式等。电阻应变式电子引伸计由于结构简单,是测量微量变形时最常用的仪器。该引伸计使用电阻应变片为敏感元件,通常与放大器和记录显示仪配套使用。电阻应变式引伸计对应不同的试验要求,夹持部位或连接杆有不同形式,但测量微量变形的原理基本相同。常用的电阻应变式引伸计结构如图 4-2 所示。

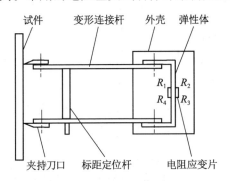

**图 4-2　电阻应变式引伸计结构图**

变形连接杆的一端有夹持刀口,用橡皮筋或其他方式将两个连接杆的刀口端固定在试件上,两刀口间的距离称为引伸计的标距,由标距定位杆来限定,连接杆的另一端固定在弹性体上,弹性体上对称地贴有 4 个电阻应变片并组成全桥电路,如图 4-3 所示。当试件受拉力作用产生轴向变形时,两刀口随试件伸长而发生位移,则变形连接杆使弹性体产生弯曲而导致电阻应变片变形,电桥输出端即有电压输出,该电压信号经测试电路的放大、模数转换和信号处理后,输出到显示屏上读数,经过

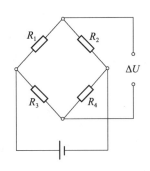

**图 4-3　应变片电桥原理图**

标定的引伸计可实时显示试件在引伸计标距内的变形量,也可作为数字信号由计算机软件采集处理。

### 4.1.3 扭转试验机

扭转试验机用于测定金属或非金属试样受扭时的力学性能。扭转试验机有机械式、电子式、微机控制式等,尽管类型很多,结构形式各有不同,但一般都由加载和测量两个基本部分组成。以 NWS500 型扭转试验机为例,其结构主要由加载系统、控制系统、扭矩检测单元、扭角检测单元、显示系统等基本部分组成,如图 4-4所示。

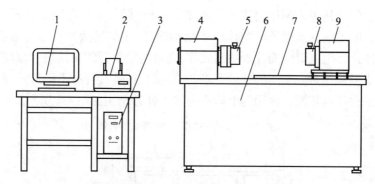

1—显示器;2—打印机;3—计算机主机;4—主轴箱;5—活动夹头;6—机架;
7—线性导轨;8—固定夹头;9—尾座

**图 4-4 NWS500 型扭转试验机**

扭转试验机工作时,由计算机给出指令,通过交流伺服调速系统控制交流电机的转速和转向,经减速机减速后由齿形带传递到主轴箱带动活动夹头旋转,对试样施加扭矩。在试样承受扭矩时,产生扭转变形,标距间的扭角由小角度扭角仪获得,同时由扭矩传感器和光电编码器获取扭矩及活动夹具的转角等参量信号。这些信号经测量系统进行放大,并做数字化转换处理后,传递给计算机系统,计算机系统对接收的数据按用户要求绘制出相应的扭矩 – 扭角曲线,输出最后结果。

### 4.1.4 冲击试验机

摆锤式冲击试验机是进行金属材料夏比冲击试验的专用设备,JB – 300B 冲击试验机是按国标 GB/T 3808—1995《摆锤式冲击试验机》及国标 GB/T 229—1994《金属夏比缺口冲击试验方法》对金属材料、非金属材料进行冲击试验而专门设计的,最大冲击能量是 300 J,并带有 150 J 摆锤一个,其结构示意如图 4-5 所示。

JB – 300B 冲击试验机的试验原理是利用摆锤冲击前位能与冲击后所剩余位能之差在度盘上显示出来的方式,得到所试验试样的吸收功。操作上采用半自动控制,试验时,将带有缺口的试样安放于试验机的支座上,举起摆锤使它自由下落将试样冲断。利用摆锤冲断试样后的剩余能量可自动扬摆,在连续做试样的冲击试验时,更能体现其优越性。冲击试验机已将相当于各升起角的冲击吸收功值直接刻在度盘上,因此冲击后可以直接读出消耗于冲断试样的功的数值,不必另行计算。

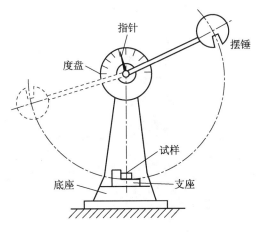

**图 4-5 摆锤式冲击试验机**

### 4.1.5 高频疲劳试验机

疲劳试验机有旋转弯曲疲劳试验机、电液伺服疲劳试验机、高频疲劳试验机等多种类型,本书以 GPS200 型高频疲劳试验机为例加以说明,如图 4-6 所示。该试验机是一种电磁激励型疲劳试验机,主要用于对金属材料及零部件进行高频拉伸、压缩试验及拉压交变负荷下的疲劳性能、断裂力学性能测试。配备相应的夹具,可以进行三点、四点弯曲,紧凑拉伸、板试件拉伸、齿轮、螺栓、连杆、链条等疲劳试验,还可以进行显微观察法裂纹扩展速率及程控加荷等试验。

GPS200 型高频疲劳试验机的主要功能特点:① 框架组合结构。主机采用 TPHS(Thick plate high stiffness)无间隙重型框架结构设计,确保刚度高、变形小,重复试验结果误差小;采用智能气隙结构,无须手动进行电压换挡,起振更加容易;上置式起振结构设计,试样加持更方便;对中、同轴度优异,确保在载荷状态下受到最小的侧向力影响。② 控制测量技术。全数字脉宽调制器模板、全隔离 IGBT 开关型放大单元、智能化测力放大器模板;平均负荷控制系统采用 AC servo 机电伺服系统闭环控制,交变载荷闭环控制,自动补偿,有常规疲劳试验(轴向拉压对称、不对称及单项脉动试验)和程控加荷试验;操作和设置由系统软件生成的虚拟面板实现,全部控制由计算机直接进行管理和控制,试验波形、电流值、脉冲值等实时显示。③ 全功能智能操作的 GPS 系统软件。自动定时完成试验数据存储,进行数据处理及曲线绘制(频率－时间曲线、负荷－时间曲线);实时显示平均负荷值、交变负荷峰值、谐振频率、循环疲劳次数等实测参量,可进行常规疲劳试验、程控加荷试验、快谱试验、交变负荷包络线功能试验(波形给定正弦波、三角波、方波);参数可以用平均负荷值、交变负荷峰值方式给定,也可以用最大负荷值、应力比方式及最大、最小负荷值方式给定,允许使用不同的力值单位。

图 4-6　GPS200 型高频疲劳试验机

## 4.2　金属材料拉伸试验

拉伸试验是测定材料机械性能最基本、最重要的试验之一,通过拉伸试验可以确定材料的许多基本力学性能。我国现行的拉伸试验标准 GB/T 228. 1—2010《金属材料　拉伸试验　第 1 部分:室温试验方法》对金属材料拉伸试验做了规定,特别是一些术语和符号与材料力学教科书有很大不同,现将常用的符号对照列于表4-1。

表 4-1　主要力学性能符号对照表

| 名称 | 单位 | 符号 | |
|---|---|---|---|
| | | 新标准 | 教材 |
| 试样原始标距 | mm | $L_0$ | $l$ |
| 试样平行长度 | mm | $L_c$ | |
| 试样断后标距 | mm | $L_u$ | |
| 原始横截面积 | $mm^2$ | $S_0$ | $A$ |
| 断后最小横截面积 | $mm^2$ | $S_u$ | |

| 名称 | 单位 | 符号 | |
|---|---|---|---|
| | | 新标准 | 教材 |
| 断面收缩率 | % | $Z$ | $\psi$ |
| 断后伸长率 | % | $A$ | $\delta$ |
| 最大力 | N | $F_m$ | |
| 上屈服强度 | MPa | $R_{eH}$ | |
| 下屈服强度 | MPa | $R_{eL}$ | |
| 规定塑性延伸强度 | MPa | $R_p$ | $\sigma_p$ |
| 抗拉强度 | MPa | $R_m$ | $\sigma_b$ |

### 4.2.1　试验目的

1. 了解电子万能试验机的结构及工作原理,熟悉其操作规程及正确使用方法。

2. 观察拉伸过程中的各种现象及绘制应力－应变曲线。

3. 测定低碳钢拉伸的屈服强度($R_{eH}$、$R_{eL}$)、抗拉强度 $R_m$、断后伸长率 $A$ 和断面收缩率 $Z$。

4. 测定铸铁拉伸的抗拉强度 $R_m$。

5. 比较低碳钢与铸铁力学性能的特点,并分析拉伸断口形貌。

### 4.2.2　试验设备及要求

1. 本试验采用的主要仪器设备有电子万能试验机、电子引伸计、游标卡尺等。电子万能试验机的测力系统应按照 GB/T 16825.1 进行校准,并且其准确度应为 1 级或优于 1 级。电子引伸计的准确度级别应符合 GB/T 12160 的要求,应使用不劣于 1 级准确度的引伸计。

2. 应尽量确保夹持的试样受轴向拉力的作用,尽量减小弯曲。

3. 试样被拉伸的速度除有特殊要求的外,施加负荷必须平稳而无冲击;试验应在 10～35 ℃温度范围内进行。

4. 试验速率的控制方法有三种:第一种为应变速率控制,这是为了减小测定应变速率敏感参数(性能)时的试验速率变化和试验结果的测量不确定度。第二种为应力速率控制,试验速率取决于材料特性。第三种为横梁分离速率控制,如试验机无能力测量或控制应变速率,可采用试验机横梁分离速率。

### 4.2.3　试样形状与尺寸

试样的形状与尺寸对试验结果有一定的影响,为了便于互相比较,应按照国家标准 GB/T 228.1—2010 的规定加工成标准拉伸试样,图 4-7a 和图 4-7b 分别表示横截面为圆形和矩形的拉伸试样。拉伸试样分为比例试样和非比例试样两种,比例试样的原始标距 $L_0$ 与原始横截面积 $S_0$ 的关系规定为

$$L_0 = k \sqrt{S_0} \tag{4-1}$$

其中,比例系数 $k$ 的值一般为 5.65,原始标距 $L_0$ 应不小于 15 mm,当试样横截面积 $S_0$ 太小,以至采用比例系数 $k$ 为 5.65 的值不能符合这一最小标距要求时,$k$ 可以采用 11.3,或采用非比例试样。圆形截面短试样的标距 $L_0 = 5d_0$,长试样的标距 $L_0 = 10d_0$,其中 $d_0$ 为圆形横截面直径。而非比例试样的 $L_0$ 和 $S_0$ 不受上述关系的限制。试样的尺寸公差和表面粗糙度应符合国标的相应规定,试样表面不能有刻痕、翘曲和裂纹等缺陷。

如试样的夹持端与平行长度的尺寸不相同,它们之间应以足够的过渡圆弧半径 $r$ 连接,如图 4-7 所示,对于圆形截面试样,$r$ 不小于 0.75 $d_0$,其他形状试样不小于 12 mm。试样平行长度 $L_c$ 应大于原始标距 $L_0$,对于圆形横截面,试样的平行长度为

$$L_c \geq L_0 + \frac{d_0}{2} \tag{4-2}$$

其他形状试样:

$$L_c \geq L_0 + 1.5 \sqrt{S_0} \tag{4-3}$$

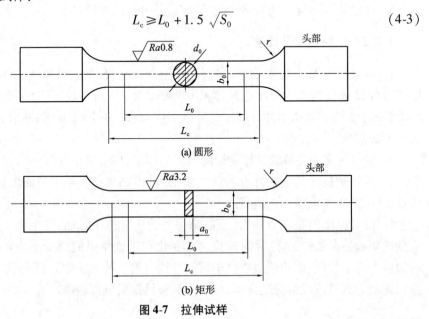

(a) 圆形

(b) 矩形

图 4-7　拉伸试样

#### 4.2.4　试验原理

材料在拉伸时的力学性能,可以通过以拉伸负荷 $F$ 为纵坐标、试样伸长 $\Delta l$ 为横坐标的拉伸图来表示。为了消除试样几何尺寸的影响,将拉力 $F$ 除以横截面的原始面积 $S_0$ 为应力 $\sigma$,将伸长量 $\Delta l$ 除以试样的原始标距 $L_0$ 为线应变 $\varepsilon$,可得到应力 – 应变曲线即 $\sigma - \varepsilon$ 曲线。国标 GB/T 228. 1—2010 中使用的是应力 – 延伸率曲线,该曲线的横坐标为延伸率 $e$。应力 – 应变曲线(或应力 – 延伸率曲线)是确定材料力学性能指标的重要依据。图 4-8a 是典型塑性金属材料低碳钢的 $\sigma - \varepsilon$ 图,表明整个拉伸变形分成四个阶段:弹性阶段 $Oa$、屈服阶段 $ab$、强化阶段 $bc$、局部变形阶段 $cd$(具体分析见参考文献[5])。有些塑性材料没有屈服阶段,但仍存在强化和局部变形阶段,如图 4-8b 所示。对于塑性材料(如低碳钢),主要测定下列机械性能:屈服强度($R_{eH}$、$R_{eL}$)、抗拉强度 $R_m$、断后伸长率 $A$ 和断面收缩率 $Z$;通过拉伸试验也可以测定材料的弹性模量 $E$ 和泊松比 $\mu$。对于脆性材料(如铸铁),只需测定抗拉强度 $R_m$,如图 4-8c 所示。

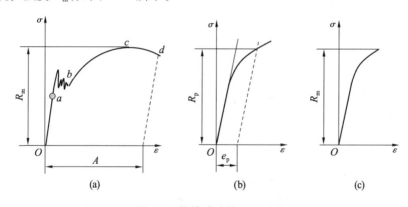

**图 4-8　拉伸试验的 $\sigma - \varepsilon$ 图**

1. 屈服强度的测定

屈服强度分为上屈服强度 $R_{eH}$ 和下屈服强度 $R_{eL}$:上屈服强度可从应力 – 延伸率曲线图上测得,为试样发生屈服而力首次下降前的最大应力;下屈服强度也从应力 – 延伸率曲线图上测得,是在屈服期间不计初始瞬时效应时的最小应力。对于上、下屈服强度位置判定的基本原则如下(见图 4-9):

(1)屈服前的第 1 个峰值应力(第 1 个极大值应力)判为上屈服强度,不管其后的峰值应力比它大或比它小。

(2)屈服阶段中如呈现 2 个或 2 个以上的谷值应力,舍去第 1 个谷值应力(第 1 个极小值应力),取其余谷值应力中的最小者判为下屈服强度。如只呈现 1 个下降谷,此谷值应力判为下屈服强度。

(3)屈服阶段中呈现屈服平台,平台应力判为下屈服强度;如呈现多个而且后者高于前者的屈服平台,判第 1 个平台应力为下屈服强度。

(4)正确的判定结果应是下屈服强度一定低于上屈服强度。

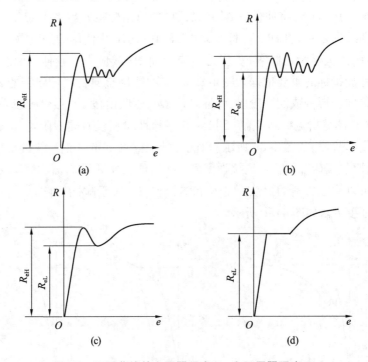

**图 4-9  不同曲线的上屈服强度 $R_{eH}$ 和下屈服强度 $R_{eL}$**

2. 规定塑性延伸强度的测定

对于在拉伸图上没有明显屈服阶段的材料,可测定其规定塑性延伸强度(规定塑性延伸率等于规定的引伸计标距 $L_e$ 百分率时对应的应力),如图 4-10 所示,下脚标说明所规定的塑性延伸率,如 $R_{p0.2}$ 表示规定塑性延伸率为 0.2% 时的应力。根据力 – 延伸曲线图测定规定塑性延伸强度 $R_p$,可采用平行线法或滞后环法。

(1)平行线法

如力 – 延伸曲线图的弹性直线部分能明确确定,则在曲线图上作一条与曲线的弹性直线段部分平行,且在延伸轴上与此直线段的距离等效于规定塑性延伸率 $e_p$,例如 0.2% 的直线。此平行线与曲线的交截点给出相应于所求规定塑性延伸强度的力,此力除以试样原始横截面积 $S_0$,得到规定塑性延伸强度 $R_p$,如图 4-10a 所示。

（2）滞后环法

如力 – 延伸曲线图的弹性直线部分不能明确确定,以致不能以足够的准确度作出这一平行线,则采用该方法。试验时,当已超过预期的规定塑性延伸强度后,将力降至约为已达到力的 10%,然后施加力直至超过原已达到的力。为了测定规定塑性延伸强度,过滞后环两端点画一直线。然后经过横轴上与曲线原点的距离等效于所规定的塑性延伸率 $e_p$ 的点,作平行于此直线的平行线。平行线与曲线的交截点给出相应于规定塑性延伸强度的力,此力除以试样原始横截面积 $S_0$ 得到规定塑性延伸强度 $R_p$,如图 4-10b 所示。

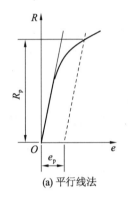
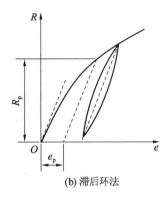

(a) 平行线法　　　　　　　　(b) 滞后环法

**图 4-10　规定塑性延伸强度 $R_p$**

3. 断后伸长率的测定

为了测定断后伸长率,将拉断后的试样卸载取下,然后将断裂的两部分试样仔细地配接在一起使两部分的轴线处于同一直线上(如采用 V 形槽),并采取特别措施确保试样断裂部分紧密接触后测量试样断后标距。这对小横截面试样和低伸长率试样更为重要,然后按式(4-4)计算断后伸长率 $A$:

$$A = \frac{L_u - L_0}{L_0} \times 100\% \tag{4-4}$$

式中:$L_0$ 为原始标距;$L_u$ 为断后标距。

测量过程中应使用分辨力足够的量具或测量装置测定断后伸长量,并准确到 ±0.25 mm。

（1）断后伸长率小于 5% 的测定方法

如测定的断后伸长率小于 5%,建议采取如下方法进行测定:

试验前在平行长度的两端处做一个很小的标记,使用调节到标距的分规,分别以标记为圆心画一圆弧。拉断后,将断裂的试样置于一装置上,最好借助螺丝施加轴向力,以使其在测量时牢固地对接在一起。以最接近断裂的原圆心为圆心,以相同的半径画第二个圆弧,用工具显微镜或其他合适的仪器测量出两个圆弧之间的距离,即断后伸长,准确到 $\pm 0.02$ mm。

（2）移位法测定断后伸长率

由于试样的断裂位置对断后伸长率有一定的影响,因此断后伸长率的测定原则上只有断裂处与最接近的标距标记的距离不小于原始标距的三分之一情况方为有效,但若断后伸长率大于或等于规定值,不管断裂位置处于何处测量均为有效。如断裂处与最接近的标距标记的距离小于原始标距的三分之一,为了避免由于试样断裂位置不符合规定的条件而报废,可采用移位法测定断后伸长率。

① 试验前,将试样原始标距细分为 5 mm 或 10 mm 的 $N$ 等分。

② 试验后,以符号 $X$ 表示断裂后试样较短部分的标距标记,以符号 $Y$ 表示断裂后试样较长部分的等分标记,此标记与断裂处的距离最接近于断裂处至标距标记 $X$ 的距离。

如 $X$ 与 $Y$ 之间的分格数为 $n$,按如下方法测定断后伸长率:

a. 如 $N-n$ 为偶数（见图4-11a）,测量 $X$ 与 $Y$ 之间的距离 $l_{XY}$,以及从 $Y$ 至距离为 $(N-n)/2$ 个分格的 $Z$ 标记之间的距离 $l_{YZ}$,按照式（4-5）计算断后伸长率:

$$A = \frac{l_{XY} + 2l_{YZ} - L_0}{L_0} \times 100\% \tag{4-5}$$

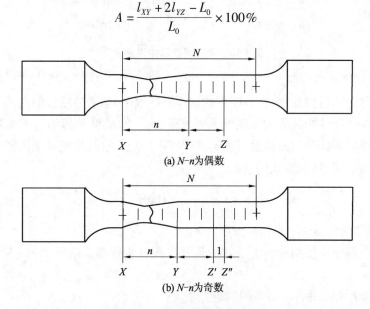

(a) $N-n$ 为偶数

(b) $N-n$ 为奇数

**图4-11　移位法测定断后伸长率**

b. 如 $N-n$ 为奇数（见图4-11b）,测量 $X$ 与 $Y$ 之间的距离,以及从 $Y$ 至距离分别为 $(N-n-l)/2$ 和 $(N-n+l)/2$ 个分格的 $Z'$ 和 $Z''$ 标记之间的距离 $l_{YZ'}$ 和 $l_{YZ''}$,按照式（4-6）计算断后伸长率:

$$A = \frac{l_{XY} + l_{YZ'} + l_{YZ''} - L_0}{L_0} \times 100\% \tag{4-6}$$

式中：$n$ 为 $X$ 与 $Y$ 之间的分格数；$N$ 为等分的份数。

4. 断面收缩率的测定

试样拉断后卸载，将试样两个断裂部分仔细地配接在一起，使其轴线处于同一直线上，测定断裂处的最小横截面积 $S_u$，应准确到 $\pm 2\%$。将原始横截面积 $S_0$ 与断后最小横截面积之差除以原始横截面积的百分率得到断面收缩率 $Z$：

$$Z = \frac{S_0 - S_u}{S_0} \times 100\% \tag{4-7}$$

式中：$S_0$ 为平行长度部分的原始横截面积；$S_u$ 为断后最小横截面积。

断面收缩率不受试样长度影响，但试样原始截面尺寸对断面收缩率略有影响。

5. 抗拉强度的测定

将测量得到的整个拉伸试验过程中的最大力 $F_m$ 除以试样的原始横截面积 $S_0$ 得到材料的抗拉强度 $R_m$：

$$R_m = \frac{F_m}{S_0} \tag{4-8}$$

6. 杨氏模量的测定

弹性性能的测定应参照国标 GB/T 22315—2008《金属材料　弹性模量和泊松比试验方法》，为了避免受绝热膨胀或绝热收缩的影响，并能够准确测定轴向力及其相应的变形，试验速度不应过高，而为了避免蠕变影响，试验速度也不应太低。对于拉伸试验，弹性应力增加速率应符合 GB/T 228 的规定，速度应尽可能保持恒定，拉伸试样和试验过程应符合 GB/T 228.1—2010 的要求。

测定材料的杨氏模量时必须使用引伸计，测量杨氏模量的准确度取决于测量应变的精度，增加轴向引伸计标距的长度 $L_{el}$，可以提高测量应变的精度。

（1）图解法

试验时，用自动记录方法绘制轴向力 - 轴向变形曲线，如图 4-12 所示。在记录的轴向力 - 轴向变形曲线上确定弹性直线段，在该直线段上读取相距尽量远的 $A$、$B$ 两点之间的轴向力变化量 $\Delta F$ 和相应的轴向变形变化量 $\Delta_1$，按式（4-9）计算杨氏模量：

$$E = \left(\frac{\Delta F}{S_0}\right) \Big/ \left(\frac{\Delta_1}{L_{el}}\right) \tag{4-9}$$

式中：$L_{el}$ 为轴向引伸计标距的长度。

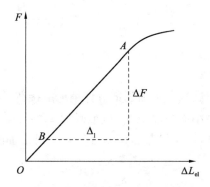

**图 4-12　图解法测定杨氏模量**

（2）拟合法

试验时,在弹性范围内记录轴向力及与其相应的轴向变形的一组数字数据对,数据对的数目一般不少于 8 对。用最小二乘法将数据对拟合为轴向应力 - 轴向应变直线,拟合直线的斜率即为杨氏模量,按式(4-10)计算。

$$E = \frac{\sum(e_1 S) - k\bar{e}_1\bar{S}}{\sum e_1^2 - k\bar{e}_1^2} \tag{4-10}$$

式中:$k$ 为数据对数目。

$$e_1 = \frac{\Delta L_{el}}{L_{el}}, \bar{e}_1 = \frac{\sum e_1}{k}, \quad S = \frac{F}{S_0}, \bar{S} = \frac{\sum S}{k}$$

如无其他要求,按式(4-11)计算拟合直线斜率变异系数,当其值在 2% 以内时,所得杨氏模量为有效。

$$\upsilon_1 = \left[\left(\frac{1}{\gamma^2} - 1\right)(k-2)\right]^{\frac{1}{2}} \times 100 \tag{4-11}$$

式中:$\gamma$ 为相关系数。

$$\gamma^2 = \frac{\left[\sum(e_1 S) - \dfrac{\sum e_1 \sum S}{k}\right]^2}{\left[\sum e_1^2 - \dfrac{(\sum e_1)^2}{k}\right]\left[\sum S^2 - \dfrac{(\sum S)^2}{k}\right]} \tag{4-12}$$

每个试样至少测试 3 次并取平均值,每次试验时施加的应力不能超过比例极限。该试验可在拉伸试验中在测定屈服强度和抗拉强度之前进行。

7. 泊松比的测定

泊松比的测定可以与杨氏模量的测定同步进行,但需要同时使用轴向引伸计和横向引伸计,测量试样的轴向应变和横向应变。

（1）图解法

试验时,用自动记录方法绘制横向变形－轴向变形曲线,如图 4-13a 所示。在记录的横向变形－轴向变形曲线上确定弹性直线段,在直线段上读取相距尽量远的 $C$、$D$ 两点之间的横向变形变化量和相应的轴向变形变化量,按式(4-13)计算泊松比。

$$\mu = \left(\frac{\Delta_t}{L_{et}}\right)\bigg/\left(\frac{\Delta_l}{L_{el}}\right) \qquad (4\text{-}13)$$

当在同一试验中,泊松比与杨氏模量一起进行测定时,推荐同时绘制轴向力－轴向变形曲线和横向变形－轴向变形曲线,如图 4-13b 所示。

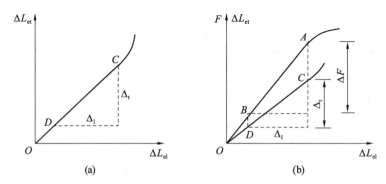

**图 4-13　图解法测定泊松比**

（2）拟合法

试验时,在弹性范围内,在同一轴向力下记录横向变形－轴向变形的一组数字数据对,数据对的数目一般不少于 8 对。用最小二乘法将数据对拟合为轴向应力－轴向应变直线,直线的斜率即为泊松比,按式(4-14)计算。

$$\mu = \frac{\sum (e_l e_t) - k\bar{e}_l \bar{e}_t}{\sum e_l^2 - k\bar{e}_l^2} \qquad (4\text{-}14)$$

式中:

$$e_l = \frac{\Delta L_{el}}{L_{el}}, \bar{e}_l = \frac{\sum e_l}{k}, e_t = \frac{\Delta L_{et}}{L_{et}}, \bar{e}_t = \frac{\sum e_t}{k}$$

按式(4-11)计算拟合直线斜率变异系数,如其值在 2% 以内,则所得泊松比为有效。每个试样至少测试 3 次,并计算其平均值。必须特别注意测定杨氏模量时施加的应力不要超过试样的比例极限;也可以通过一次加载,在确定试样的屈服强度、抗拉强度的同时确定杨氏模量或泊松比。杨氏模量一般保留 3 位有效数字,泊松比一般保留 2 位有效数字,修约的方法按 GB/T 8170 执行。

### 4.2.5 试验步骤

#### 4.2.5.1 低碳钢的拉伸试验

1. 打开试验机控制器和计算机,检查仪器设备是否完好,做好试验准备工作。

2. 测量试样原始数据。

原始标距的标记:应用小标记、细画线或细墨线标记原始标距,但不得用引起过早断裂的缺口作标记,并把原始标距细分为 5 mm 或 10 mm 的 N 等分。

按国标规定,用游标卡尺测量试样标距部分的直径,在标距范围的中间及两端共三处,每个互相垂直方向所量得的平均值为该处直径,取三个数值中的最小者为计算直径,将测量结果填入表 4-2。

**表 4-2　拉伸试样原始尺寸记录表**

| 试样材料 | 试样标距 $L_0$/mm | 直径 $d_0$/mm | | | | | | | | | 最小横截面积 $S_u$/mm² |
| | | 横截面 1 | | | 横截面 2 | | | 横截面 3 | | | |
| | | 1 | 2 | 平均 | 1 | 2 | 平均 | 1 | 2 | 平均 | |
| 低碳钢 | | | | | | | | | | | |
| 铸铁 | | | | | | | | | | | |

3. 在计算机中启动试验软件,以学生身份完成登录。

4. 成功登录后,单击程序左侧的"联机"按钮,建立计算机和控制器之间的通信联系,以便使控制器可以操纵横梁移动。

5. 夹持试样,尽量避免试样歪斜。安装引伸计,取下引伸计小插销,如不测量弹性模量,则可以不安装引伸计。

6. 设置试验方法,输入试验信息和试样参数,单击"方法"菜单下的"低碳钢拉伸试验"。

7. 设置完试验方法,经指导教师检查无误后,对各通道清零,单击右侧的"开始试验"按钮进行试验。测量弹性模量时,载荷应均匀、缓慢增加到比例极限后再卸载,如此重复 3 次,完成后卸载取下引伸计。然后以 1～5 mm/min 的速率加载,观察应力－应变曲线的变化情况,包括比例阶段、屈服阶段、强化阶段和颈缩阶段,特别是在颈缩阶段应观察试样直径变化。

8. 试样拉断后,取下两截试样紧密对接在一起,按照 4.2.4 的方法量取断后标距长度和断裂处的最小直径,输入计算机自动计算材料的延伸率和断面收缩率。单击"打印报告",完成试验报告的打印。

### 4.2.5.2　铸铁的拉伸试验

1. 测量试样原始数据。

原始标距的标记:应用小标记、细画线或细墨线标记原始标距,但不得用引起过早断裂的缺口作标记。

按国标规定,用游标卡尺测量试样标距部分的直径,在标距范围的中间及两端共三处,每个互相垂直方向所量得的平均值为该处直径,取三个数值中的最小者为计算直径,将测量结果填入表 4-2。

2. 启动试验软件,以学生身份完成登录。

3. 成功登录后,单击程序左侧的"联机"按钮,建立计算机和控制器之间的通信联系,以便使控制器可以操纵横梁移动。

4. 夹持试样,尽量避免试样歪斜。

5. 设置试验方法,输入试验信息和试样参数,单击"方法"菜单下的"铸铁拉伸试验"。

6. 设置完试验方法,经指导教师检查无误后,对各通道清零,单击右侧的"开始试验"按钮进行试验。观察应力 – 应变曲线的变化情况,并与低碳钢的应力 – 应变曲线进行比较。

7. 试样拉断后,取下试样,用鼠标左键单击"打印报告",完成试验报告的打印。比较低碳钢和铸铁试样的断口特性。

### 4.2.6　注意事项

1. 开机前必须先调整好限位保护装置,以保证动横梁不与上横梁或工作台相碰。

2. 仪器应预热 30 min 后再开始试验。

3. 拉伸夹具夹持试件部分的长度不得少于夹块长度的 80%。

4. 试验过程中出现异常,应迅速按急停按钮,并查找原因。

### 4.2.7　试验结果处理

根据测量结果和拉伸曲线图计算。

横截面面积:

$$S_0 = \frac{1}{4}\pi d_0^2 \, , \ S_u = \frac{1}{4}\pi d_u^2$$

上屈服强度:

$$R_{eH} = \frac{F_{eH}}{S_0}$$

下屈服强度：

$$R_{eL} = \frac{F_{eL}}{S_0}$$

抗拉强度：

$$R_m = \frac{F_m}{S_0}$$

断后伸长率：

$$A = \frac{L_u - L_0}{L_0} \times 100\%$$

断面收缩率：

$$Z = \frac{S_0 - S_u}{S_0} \times 100\%$$

若试样在标距上或标距外断裂,则试验结果无效。

### 4.2.8　试验报告

试验报告应包括试验目的、原理,试验机型号和规格;参照的标准;试样标识,材料名称、牌号,试样形状和尺寸;试验速度和控制方式;试验结果;数据处理和结果分析等;试验过程中发生的可能影响试验结果的异常情况。

### 4.2.9　思考题

1. 试叙述低碳钢拉伸过程四个阶段的力学特性。
2. 试从不同的断口形状说明材料的两种基本破坏形式。
3. 为什么用"断口移位法"计算断后伸长率?
4. 当材料相同、直径相等时,比较长试样和短试样的断后伸长率的区别。

## 4.3　金属材料压缩试验

压缩试验是测定材料机械性能的基本试验之一,对研究材料特别是脆性材料的压缩性能有着重要的意义。我国最新的压缩试验标准 GB/T 7314—2017《金属材料　室温压缩试验方法》对金属材料的压缩试验做了详细规定。

### 4.3.1　试验目的

1. 测定低碳钢压缩时的上压缩屈服强度 $R_{eHc}$ 和下压缩屈服强度 $R_{eLc}$。
2. 测定铸铁的抗压强度 $R_{mc}$。

3. 观察低碳钢和铸铁在压缩时的变形和破坏现象,并进行分析比较。

### 4.3.2 试验设备及要求

1. 试验机为电子万能试验机,其性能和要求见 4.1.1 和 4.2.1,试验机上、下压板的工作表面应平行,平行度不低于 1∶0.0002 mm/mm(安装试样区 100 mm 范围内)。试验过程中,压头与压板间不应有侧向的相对位移和转动,压板的硬度应不低于 55 HRC。

2. 使用的电子引伸计应符合 GB/T 12160 的要求,测定压缩弹性模量应使用不低于 0.5 级准确度的引伸计;测定规定塑性压缩强度、规定总压缩强度、上压缩屈服强度和下压缩屈服强度,应使用不低于 1 级准确度的引伸计。

3. 对于有应变控制的试验机,设置应变速率为 0.005 min$^{-1}$。对于用载荷控制或者用横梁位移控制的试验机,允许设置相当于应变速率 0.005 min$^{-1}$ 的速度。对于没有应变控制的系统,应保持一个恒定的横梁位移速率,以达到在试验过程中需要的平均应变速率要求。无论采用哪种方法,都应采用恒定的速率,不允许突然地改变。

4. 安装试样时,试样纵轴中心线应与压头轴线重合。除非另有规定,试验一般在室温 10 ~ 35 ℃ 范围内进行。

### 4.3.3 试样形状与尺寸

压缩试样形状与尺寸的设计应保证:在试验过程中标距内为均匀单向压缩,引伸计所测变形应与试样轴线上标距段的变形相等;端部不应在试验结束之前损坏。图 4-14 为侧向无约束圆柱体试样,$L = (2.5 ~ 3.5)d$ 的试样适用于测定规定塑性压缩强度 $R_{pc}$、屈服强度($R_{eHc}$、$R_{eLc}$)和抗压强度 $R_{mc}$。试样原始标距两端分别距试样端面的距离不应小于试样直径的二分之一。

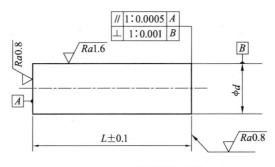

**图 4-14 压缩圆柱体试样**

$L$ 为试样长度,单位为毫米(mm);$d$ 为试样原始直径,$d = (10 \pm 0.05)$ mm。

试验前,试样置于干燥无腐蚀介质的室温下,并防止存放期间其表面受到损伤和变形。圆柱体试样应在原始标距中点处两个相互垂直的方向上测量直径,取其算术平均值,根据测量的试样原始尺寸计算原始横截面积,至少保留 4 位有效数字。

### 4.3.4 试验原理

材料在压缩时的力学性能,可以通过以拉伸负荷 $F$ 为纵坐标、试样伸长 $\Delta l$ 为横坐标的压缩图来表示,也可以用应力 – 应变曲线(或应力 – 延伸率曲线)来表示。图 4-15a 是低碳钢的 $\sigma - \varepsilon$ 图,在屈服阶段前,图形与拉伸时相同,即压缩时的规定塑性压缩强度 $R_{pc}$、屈服强度($R_{eHc}$、$R_{eLc}$)和弹性模量与拉伸时基本相同;过屈服阶段后,试样越压越扁,但不可能被压断,因此压缩时无抗压强度 $R_{mc}$。铸铁压缩时破坏端面与横截面大致成 $45° \sim 55°$ 倾角,表明这类试样主要因剪切而破坏,但铸铁的抗压强度极限 $R_{mc}$ 是抗拉强度极限 $R_m$ 的 $4 \sim 5$ 倍,如图 4-15b 所示。

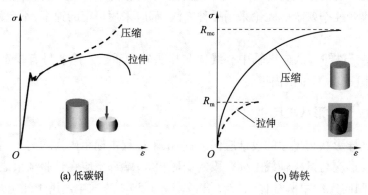

(a) 低碳钢　　　　　　　　　(b) 铸铁

**图 4-15　材料压缩试验的 $\sigma - \varepsilon$ 图**

1. 规定塑性压缩强度的测定

(1) 力 – 变形图解法

对于有明显弹性直线段的材料,采用力 – 变形图解法,力轴的比例应使所有的 $F_{pc}$ 点位于力轴的二分之一以上,变形放大倍数的选择应保证图 4-16a 中 $OC$ 段的长度不小于 $5$ mm。在自动绘制的力 – 变形曲线图上,自点 $O$ 起,截取一段相当于规定非比例变形的距离 $OC$( $= e_{pc} \cdot L_0 \cdot n$,其中 $L_0$ 为变形测试段的原始长度,$n$ 为绘图仪的放大倍数),过点 $C$ 作平行于弹性直线段的直线 $CA$ 交曲线于点 $A$,其对应的力 $F_{pc}$ 为所测规定塑性压缩力,如图 4-16a 所示。规定塑性压缩强度按式(4-15)计算:

$$R_{pc} = \frac{F_{pc}}{S_0} \tag{4-15}$$

（2）逐步逼近法

如果力–变形曲线无明显的弹性直线段,应采用逐步逼近法。先在曲线上直观估读一点 $A_0$,约为规定塑性压缩应变 0.2% 的力 $F_{A0}$,而后在微弯曲线上取 $G_0$、$Q_0$ 两点,分别对应力 $0.1F_{A0}$、$0.5F_{A0}$,作直线 $G_0Q_0$,按平行线法过点 $C$ 作平行于 $G_0Q_0$ 的直线 $CA_1$ 交曲线于点 $A_1$,如点 $A_1$ 与点 $A_0$ 重合,则 $F_{A0}$ 即为 $F_{p0.2}$（见图 4-16b）。直线 $G_0Q_0$ 的斜率一般可以用作图解确定其他规定塑性压缩强度的基准。

如点 $A_1$ 未与点 $A_0$ 重合,则需要按照上述步骤进行进一步逼近。此时,取点 $A_1$ 对应的力 $F_{A1}$ 来分别确定 $0.1F_{A1}$、$0.5F_{A1}$ 对应的点 $G_1$、$Q_1$,然后如前述过点 $C$ 作平行线来确定交点 $A_2$。重复相同步骤直至最后一次得到的交点与前一次的重合。

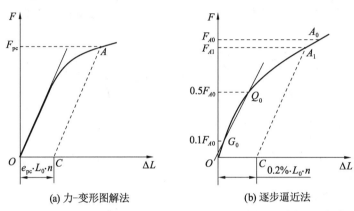

(a) 力–变形图解法　　　　(b) 逐步逼近法

**图 4-16　规定塑性压缩强度 $F_{pc}$ 的测定**

2. 规定总压缩强度的测定

用力–变形图解法测定。力轴同图 4-16,总压缩变形一般超过变形轴的二分之一。在自动绘制的力–变形曲线图上,自点 $O$ 起在变形轴上取 $OD$ 段（$= e_{tc} \cdot L_0 \cdot n$）,过点 $D$ 作与力轴平行的直线 $DM$ 交曲线于点 $M$,其对应的力 $F_{tc}$ 为所测规定总压缩力（见图 4-17）。规定总压缩强度按式（4-16）计算:

$$R_{tc} = \frac{F_{tc}}{S_0} \qquad (4\text{-}16)$$

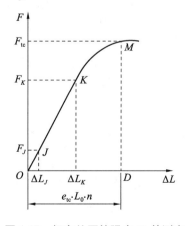

**图 4-17　规定总压缩强度 $F_{tc}$ 的测定**

3. 上压缩屈服强度和下压缩屈服强度的测定

呈现明显屈服（不连续屈服）现象的金属材料,相关产品标准规定测定上压缩屈服强度或下压缩屈服强度或两者。如未具体规定,仅测定下压缩屈服强度。

在自动绘制的力 – 应变曲线图上(见图 4-18),判断力首次下降前的最高实际压缩力($F_{eHc}$)和不计初始瞬时效应时屈服阶段中的最低实际压缩力或屈服平台的恒定实际压缩力($F_{eLc}$),上压缩屈服强度和下压缩屈服强度分别按式(4-17)和式(4-18)计算:

$$R_{eHc} = \frac{F_{eHc}}{S_0} \tag{4-17}$$

$$R_{eLc} = \frac{F_{eLc}}{S_0} \tag{4-18}$$

式中:$R_{eHc}$ 为上压缩屈服强度;$R_{eLc}$ 为下压缩屈服强度。强度性能修约至 1 MPa。

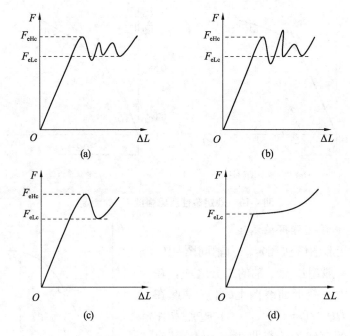

**图 4-18　图解法求 $F_{eHc}$ 和 $F_{eLc}$**

4. 抗压强度($R_{mc}$)的测定

对于脆性材料,将试样压至破坏,从力 – 变形图上确定最大实际压缩力 $F_{mc}$(见图 4-19),抗压强度 $R_{mc}$ 按式(4-19)计算:

$$R_{mc} = \frac{F_{mc}}{S_0} \tag{4-19}$$

对于塑性材料,根据应力 – 应变曲线在规定应变下测定其抗压强度,在试验报告中应指明所测应力处的应变。

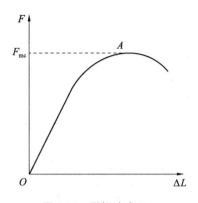

**图 4-19　图解法求 $F_{mc}$**

5. 弹性模量的测定

用力－变形图解法测定弹性模量,在应力－变形曲线图上,取弹性直线段上 $J$、$K$ 两点(点距应尽可能长),读出对应的力 $F_J$、$F_K$,变形 $\Delta L_J$、$\Delta L_K$(见图 4-20),压缩弹性模量按式(4-20)计算:

$$E_c = \frac{(F_K - F_J) \cdot L_0}{(\Delta L_K - \Delta L_J) \cdot S_0} \qquad (4\text{-}20)$$

式中:$F_K$ 为力－变形曲线上点 $K$ 的力,单位为牛(N);$F_J$ 为力－变形曲线上点 $J$ 的力,单位为牛(N);$L_0$ 为试样原始标距,单位为毫米(mm);$\Delta L_K$ 为力－变形曲线上点 $K$ 的变形量,单位为毫米(mm);$\Delta L_J$ 为力－变形曲线上点 $J$ 的变形量,单位为毫米(mm);$S_0$ 为试样原始横截面积,单位为平方毫米($mm^2$)。

弹性模量测定结果保留 3 位有效数字,修约的方法按照标准 GB/T 8170 进行。如材料无明显的弹性直线段,在无其他规定时,则按逐步逼近法处理。

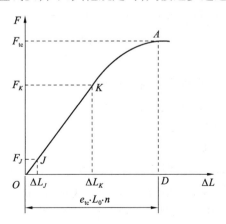

**图 4-20　力－变形图解法测定弹性模量**

### 4.3.5 试验步骤

#### 4.3.5.1 低碳钢的压缩试验

1. 打开试验机控制器和计算机,做好试验准备工作。

2. 测量试样原始数据。

用游标卡尺测量圆柱体试样原始标距中点处两个相互垂直的方向上的直径,数据填入表 4-3,取其算术平均值,计算原始横截面积,保留 4 位有效数字。

表 4-3　压缩试样原始尺寸记录表

| 试样材料 | 试样高度/mm | 直径 $d_0$/mm | | 原始横截面积 $S_0$/mm$^2$ |
| --- | --- | --- | --- | --- |
| | | 沿两正交方向的测量值 | 平均值 | |
| 低碳钢 | | 1 | | |
| | | 2 | | |
| 铸铁 | | 1 | | |
| | | 2 | | |

3. 在计算机中启动试验软件,以学生身份完成登录。

4. 成功登录后,单击程序左侧的"联机"按钮,建立计算机和控制器之间的通信联系,以便使控制器可以操纵横梁移动。

5. 将试件放在工作台的下垫块上,并检查对中情况,要求其合力的作用线与试件的轴线一致。

6. 设置试验方法,输入试验信息和试样参数,单击"方法"菜单下的"低碳钢压缩试验"。

7. 设置完试验方法,经指导教师检查无误后,对各通道清零,单击右侧的"开始试验"按钮进行试验。观察应力－应变曲线变化情况,并与低碳钢拉伸的应力－应变曲线进行比较。

8. 试样加载到规定的数值后,按下"停止试验"按钮,取下试样,观察试样形状。单击"打印报告",完成试验报告的打印。

#### 4.3.5.2 铸铁的压缩试验

1. 测量试样原始数据。

用游标卡尺测量圆柱体试样原始标距中点处两个相互垂直的方向上的直径,数据填入表 4-3,取其算术平均值,计算原始横截面积,保留 4 位有效数字。

2. 在计算机中启动试验软件,以学生身份完成登录。

3. 成功登录后,单击程序左侧的"联机"按钮,建立计算机和控制器之间的通信联系,以便使控制器可以操纵横梁移动。

4. 将试件放在工作台的下垫块上,并检查对中情况,要求其合力的作用线与试件的轴线一致。

5. 设置试验方法,输入试验信息和试样参数,单击"方法"菜单下的"铸铁压缩试验"。

6. 设置完试验方法,经指导教师检查无误后,对各通道清零,单击右侧的"开始试验"按钮进行试验。观察应力 – 应变曲线变化情况,并与铸铁拉伸的应力 – 应变曲线进行比较。

7. 试样破断后,停止试验,取下试样,观察试样断口形状。单击"打印报告",完成试验报告的打印。

### 4.3.6 注意事项

1. 开机前必须先调整好限位保护装置,以保证动横梁不与上横梁或工作台相碰。

2. 当横梁移动到靠近试样时,必须缓慢下降,使得压头与试样平稳接触,防止冲击造成试验失败或设备损坏。

3. 铸铁压缩试验时,当压力降低时必须及时停止加载,以免压碎试样。

4. 压缩试验时,不要靠近试样观察,以防试样破坏时有碎屑飞出伤人。

5. 试验过程中出现异常,应迅速按急停按钮,并查找原因。

### 4.3.7 试验结果处理

出现下列情况之一时,试验结果无效,应重做同样数量试样的试验:

(1)试样未达到试验目的时发生屈曲;

(2)试样未达到试验目的时,端部局部压坏,以及试样在凸耳部分或标距外断裂;

(3)试验过程中试验仪器或设备发生故障,影响了试验结果。

根据测量结果和压缩曲线图计算。

横截面面积:

$$S_0 = \frac{1}{4}\pi d_0^2, \ S_u = \frac{1}{4}\pi d_u^2$$

低碳钢压缩上屈服强度:

$$R_{eHc} = \frac{F_{eHc}}{S_0}$$

低碳钢压缩下屈服强度:

$$R_{\mathrm{eLc}} = \frac{F_{\mathrm{eLc}}}{S_0}$$

铸铁抗压强度：

$$R_{\mathrm{mc}} = \frac{F_{\mathrm{mc}}}{S_0}$$

### 4.3.8　试验报告

试验报告应包括试验目的、原理,试验机型号和规格;参照的标准;试样标识,材料名称、牌号,试样形状和尺寸;试样的取样方向和位置;试验速度和控制方式;试验装置和润滑剂;试验结果;数据处理和结果分析等;试验过程中发生的可能影响试验结果的异常情况。

### 4.3.9　思考题

1. 低碳钢为什么不能测量得到抗压极限强度?
2. 试对铸铁的断口形状进行力学行为分析。
3. 试分别比较低碳钢与铸铁的拉伸图和压缩图的异同。

# 4.4　金属材料扭转试验

扭转是杆件的基本变形之一,材料在扭转变形下的力学性能,是进行扭转强度和刚度计算的重要依据,因此扭转试验是测定材料机械性能的基本试验,对研究材料强度有着重要的意义。我国扭转试验标准 GB/T 10128—2007《金属材料　室温扭转试验方法》对金属材料扭转试验做了详细规定。

### 4.4.1　试验目的

1. 熟悉扭转试验机操作规程及正确使用方法,验证扭转变形公式。
2. 观察扭转过程中的各种现象及绘制应力 – 应变曲线。
3. 测定低碳钢扭转时的上屈服强度 $\tau_{\mathrm{eH}}$、下屈服强度 $\tau_{\mathrm{eL}}$ 和抗扭强度 $\tau_{\mathrm{m}}$。
4. 测定铸铁的抗扭强度。
5. 分析比较低碳钢与铸铁两种材料的破坏特点,并分析断口形状。

### 4.4.2　试验设备及要求

1. 扭转试验机应符合 JJG 269 的要求,其性能和使用见 4.1.3。试验时试验机两夹头之一应能沿轴向自由移动,对试样无附加轴向力,两夹头保持同轴;试验机应能对试样连续施加扭矩,无冲击和震动;应具有良好的读数稳定性,在 30 s 内保持扭矩恒定。

2. 可以采用不同类型的扭转计测量扭角,但应满足如下要求:

扭转计标距相对误差应不大于 ±0.5%,并能牢固地装卡在试样上,试验过程中不发生滑移;扭角示值分辨力:≤0.001°;扭角示值相对误差:±1.0%(在≤0.5°时,示值误差≤0.005°);扭角示值重复性:≤1.0%。

3. 试验一般在室温 10~35 ℃ 范围内进行。对温度要求严格的试验,试验温度应为(23±5) ℃。

4. 扭转速度:屈服前应在 3~30 °/min 范围内,屈服后不大于 720 °/min。速度的改变应无冲击。

### 4.4.3 试样形状与尺寸

扭转试样的中间工作部分如能做成薄壁管则最为理想,这样可以得到近似均匀分布的纯剪切,但因加工成本高一般采用实心圆截面。扭转试验一般采用的圆柱形试样的形状和尺寸如图 4-21 所示。试样头部形状和尺寸应适应试验机夹头夹持,可采用在圆柱侧面切一平面以便于传递扭矩,中间工作部分直径 $d$ 为 10 mm,标距 $L_0$ 分别为 50 mm 或 100 mm,平行长度 $L_c$ 分别为 70 mm 或 120 mm。

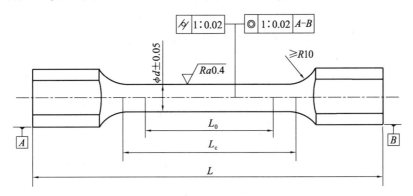

**图 4-21  扭转圆柱形试样**

### 4.4.4 试验原理

材料在扭转时的力学性能,可以通过以扭矩 $T$ 为纵坐标、扭角 $\phi$ 为横坐标的扭转曲线图来表示。图 4-22a 是低碳钢的 $T-\phi$ 图,曲线与低碳钢拉伸时类似,有弹性阶段、屈服阶段和强化阶段。铸铁的扭转曲线与其拉伸曲线相似,没有明显的屈服阶段,断裂时扭角很小,如图 4-22b 所示。

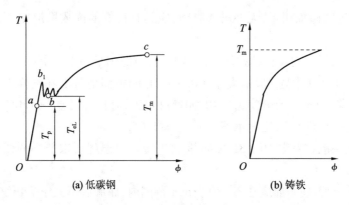

(a) 低碳钢  (b) 铸铁

图 4-22  扭转试验的 $T-\phi$ 图

扭转破坏断口分析：

圆柱形试样受扭后，其表面上任意一点都处于纯剪应力状态，如图 4-23a 所示，沿垂直和平行于杆件轴线的各平面上产生剪应力，而与轴线成 45°角的各平面上则只作用正应力，主应力分别为 $\sigma_1 = \tau$、$\sigma_2 = 0$、$\sigma_3 = -\tau$；由于各种材料的抗拉能力和抗剪能力不同，故破坏方式亦不同。低碳钢的抗拉能力大于抗剪能力，试样受扭破坏的断口与横截面一致且较平整，是剪切破坏形式，如图 4-23b 所示。而铸铁的抗拉能力较抗剪能力小，试样受扭后的断口与试样轴线呈 45°方向螺旋面，如图 4-23c 所示，该截面与最大主拉应力 $\sigma_1$ 垂直，因而是拉断破坏形式。比较这两种材料的断口，可以得出这样的结论：低碳钢的抗拉能力优于抗剪能力，而铸铁的抗剪能力优于抗拉能力。

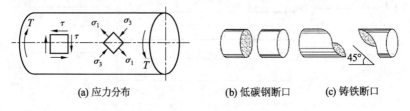

(a) 应力分布  (b) 低碳钢断口  (c) 铸铁断口

图 4-23  扭转破坏图

1. 剪切模量的测定

（1）图解法

用自动记录方法记录扭矩－扭角曲线，在所记录曲线的弹性直线段上，读取扭矩增量和相应的扭角增量，如图 4-24 所示。按式（4-21）计算剪切模量。

$$G = \frac{\Delta T L_e}{\Delta \phi I_p} \qquad (4\text{-}21)$$

式中：$I_p$ 为圆柱形试样的极惯性矩，即

$$I_p = \frac{\pi d^4}{32} \tag{4-22}$$

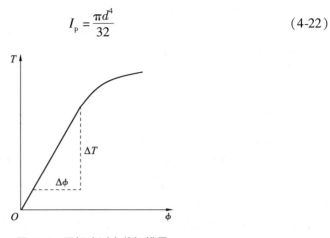

图 4-24 图解法测定剪切模量

（2）逐级加载法

对试样施加预扭矩，一般不超过相应预期规定非比例扭转强度 $\tau_{p0.015}$ 的 10%。装上扭转计并调整其零点。在弹性直线段范围内，用不少于 5 级等扭矩对试样加载。记录每级扭矩和相应的扭角，读取每对数据对的时间不宜超过 10 s。计算出平均每级扭角增量，按式（4-21）计算剪切模量。

2. 规定非比例扭转强度的测定

（1）图解法

用自动记录方法记录扭矩 – 扭角曲线，如图 4-25 所示，在记录的曲线上延长弹性直线段交扭角轴于点 $O$，截取 $OC(=2L_e\gamma_p/d)$ 段，过点 $C$ 作弹性直线段的平行线 $CA$ 交曲线于点 $A$，点 $A$ 对应的扭矩为所求扭矩 $T_p$，按式（4-23）计算规定非比例扭转强度。

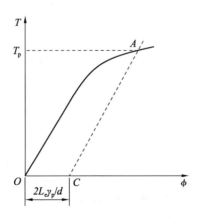

图 4-25 规定非比例扭转强度

$$\tau_{p} = \frac{T_{p}}{W_{t}} \qquad (4\text{-}23)$$

式中：$W_t$ 为圆柱形试样截面系数，即

$$W_{t} = \frac{\pi d^{3}}{16} \qquad (4\text{-}24)$$

（2）逐级加载法

对试样施加预扭矩后，装夹扭转计并调整零点。在相当于规定非比例扭转强度 $\tau_{p0.015}$ 的 70% ~ 80% 以前，施加大等级扭矩；以后，施加小等级扭矩，小等级扭矩应相当于不大于 10 MPa 的切应力增量。读取各级扭矩和相应的扭角，读取每对数据对的时间不宜超过 10 s。

从各级扭矩下的扭角读数中减去计算得到的弹性部分扭角，即得非比例部分扭角。施加扭矩直至得到非比例扭角等于或稍大于所规定的数值为止。用内插法求出精确的扭矩，按式（4-23）计算规定非比例扭转强度。

3. 上屈服强度和下屈服强度的测定

采用图解法，试验时用自动记录方法记录扭转曲线（扭矩 – 扭角曲线或扭矩 – 夹头转角曲线）。使用自动测试系统得到这一性能时，可不绘制扭矩 – 扭角曲线。在曲线中首次下降前的最大扭矩为上屈服扭矩 $T_{eH}$；屈服阶段中不计初始瞬时效应的最小扭矩为下屈服扭矩 $T_{eL}$，如图 4-26 所示。然后分别按式（4-25）、式（4-26）计算上屈服强度 $\tau_{eH}$ 和下屈服强度 $\tau_{eL}$。

$$\tau_{eH} = \frac{T_{eH}}{W_{t}} \qquad (4\text{-}25)$$

$$\tau_{eL} = \frac{T_{eL}}{W_{t}} \qquad (4\text{-}26)$$

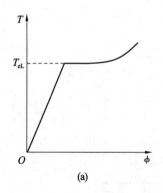
(a)

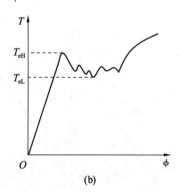
(b)

图 4-26 扭转上、下屈服强度

#### 4. 抗扭强度的测定

对试样连续施加扭矩,直至扭断。从记录的扭转曲线(扭矩－扭角曲线或扭矩－夹头转角曲线)上读出试样扭断前所承受的最大扭矩 $T_\mathrm{m}$,如图 4-27 所示,然后按式(4-27)计算抗扭强度 $\tau_\mathrm{m}$。当使用自动测试系统得到这一性能时,可不绘制扭矩－扭角曲线。

$$\tau_\mathrm{m} = \frac{T_\mathrm{m}}{W_\mathrm{t}} \tag{4-27}$$

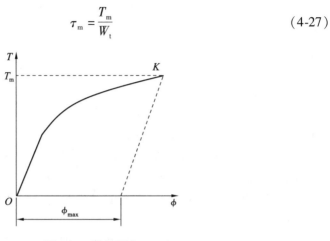

**图 4-27　抗扭强度**

测得的性能数据按表 4-4 的规定修约。

**表 4-4　性能结果数值的修约间隔**

| 扭转性能 | 范围 | 修约到 |
|---|---|---|
| $G$ | — | 100 MPa |
| $\tau_\mathrm{p}$、$\tau_\mathrm{eH}$、$\tau_\mathrm{eL}$、$\tau_\mathrm{m}$ | ≤200 MPa | 1 MPa |
| | 200 ~ 1000 MPa | 5 MPa |
| | >1000 MPa | 10 MPa |
| $\gamma_\mathrm{max}$ | — | 0.5% |

### 4.4.5　试验步骤

#### 4.4.5.1　低碳钢的扭转试验

1. 打开扭转试验机控制器和计算机,做好试验准备工作。

2. 试样尺寸测量:圆柱形试样应在标距两端及中间处两个相互垂直的方向上各测一次直径,数据填入表 4-5,并计算其算术平均值,取用 3 处测得直径的算术平均值计算试样的极惯性矩,取用 3 处测得直径的算术平均值中的最小值计算试样的截面系数。

**表 4-5  扭转试样原始尺寸记录表**

| 试样材料 | 试样标距 $L_0$/mm | 直径 $d_0$/mm | | | | | | | | | 最小横截面积 $S_0$/mm² |
|---|---|---|---|---|---|---|---|---|---|---|---|
| | | 横截面 1 | | | 横截面 2 | | | 横截面 3 | | | |
| | | 1 | 2 | 平均 | 1 | 2 | 平均 | 1 | 2 | 平均 | |
| 低碳钢 | | | | | | | | | | | |
| 铸铁 | | | | | | | | | | | |

3. 在计算机中启动试验软件,以学生身份完成登录。

4. 成功登录后,单击程序左侧的"联机"按钮,建立计算机和控制器之间的通信联系,以便使控制器可以操纵转动。

5. 使用手控盒或程序调整夹头方位,夹持试样。如需安装扭转计,则取下扭转计小插销;如不测量剪切模量,则可以不安装扭转计。

6. 设置试验方法,输入试验信息和试样参数,单击"方法"菜单下的"低碳钢扭转试验"。

7. 设置完试验方法,经指导教师检查无误后,对各通道清零,单击右侧的"开始试验"按钮进行试验。如果使用了扭转计,则当试验进行到某一时刻需要摘下扭转计,然后继续进行扭转实验,观察应力 – 应变曲线变化情况,并与低碳钢拉伸的应力 – 应变曲线进行比较。

8. 试样破断后,停止试验,取下试样,观察试样断口形状。单击"打印报告",完成试验报告的打印。

#### 4.4.5.2  铸铁的扭转试验

1. 试样尺寸测量:在标距两端及中间处两个相互垂直的方向上各测一次直径,数据填入表 4-5,并计算其算术平均值,取用 3 处测得直径的算术平均值计算试样的极惯性矩,取用 3 处测得直径的算术平均值中的最小值计算试样的截面系数。

2. 启动试验软件,以学生身份完成登录。

3. 成功登录后,单击程序左侧的"联机"按钮,建立计算机和控制器之间的通信联系,以便使控制器可以操纵转动。

4. 使用手控盒或程序调整夹头方位,夹持试样。

5. 设置试验方法,输入试验信息和试样参数,单击"方法"菜单下的"铸铁扭转试验"。

6. 设置完试验方法,经指导教师检查无误后,对各通道清零,单击右侧的"开始试验"按钮进行试验。观察应力 – 应变曲线变化情况,并与铸铁拉伸的应力 – 应变曲线进行比较。

7. 试样破断后,停止试验,取下试样,观察试样断口形状。单击"打印报告",完成试验报告的打印。

### 4.4.6　注意事项

1. 试样安装时,应注意调整活动夹头角度,避免产生较大的初始扭矩。
2. 铸铁扭转试验时,不要靠近试样观察,以防试样破坏时有碎屑飞出伤人。
3. 试验过程中出现异常,应迅速按急停按钮终止试验,并查找原因。

### 4.4.7　试验结果处理

根据测量结果和扭转曲线图计算。

抗扭截面系数:

$$W_t = \frac{\pi d^3}{16}$$

低碳钢扭转上屈服强度:

$$\tau_{eH} = \frac{T_{eH}}{W_t}$$

低碳钢扭转下屈服强度:

$$\tau_{eL} = \frac{T_{eL}}{W_t}$$

抗扭强度:

$$R_m = \frac{T_m}{W_t}$$

### 4.4.8　试验报告

试验报告应包括试验目的、原理,试验机型号和规格;参照的标准;试样标识,材料名称、牌号,试样形状和尺寸;试验速度和控制方式;试验结果;数据处理和结果分析等;试验过程中发生的可能影响试验结果的异常情况。

### 4.4.9　思考题

1. 试从应力状态分析低碳钢与铸铁的破坏原因。
2. 联系低碳钢和铸铁在拉伸时的断口形状,能否说明这两种材料的基本破坏形式是什么?这两种材料中,何者以拉断为破坏判据、何者以剪断为破坏判据?

# 4.5　金属材料冲击试验

冲击载荷是指载荷在与承载构件接触的瞬时内速度发生急剧变化的情况。在冲击载荷作用下,若材料尚处在弹性阶段,其力学性能与静载荷下的基本相同,弹性模量 $E$ 和泊松比 $\mu$ 等都无明显变化。但在冲击载荷作用下,材料进入塑性阶段后,其力学性能却与静载荷下的有显著的不同。例如,塑性性能良好的材料,在冲击载荷下,会呈现脆化倾向,发生突然断裂。由于冲击问题的理论分析较为复杂,因而在工程实际中经常以试验手段检验材料的抗冲击性能。我国冲击试验标准 GB/T 229—2007《金属材料　夏比摆锤冲击试验方法》对金属材料冲击试验做了详细规定。

### 4.5.1　试验目的

1. 了解冲击韧性的含义。
2. 测定钢材和铸铁的冲击韧性,比较两种材料的抗冲击能力和破坏断口的形貌。

### 4.5.2　试验设备及要求

1. 冲击试验机应按 GB/T 3808 或 JJG 145 进行安装及检验。所有测量仪器均应溯源至国家或国际标准,这些仪器应在合适的周期内进行校准。

2. 摆锤刀刃半径应为 2 mm 和 8 mm 两种,用符号的下标数字表示: $KV_2$ 或 $KV_8$。摆锤刀刃半径的选择应参考相关产品标准。

3. 试样应紧贴试验机支座,锤刃沿缺口对称面打击试样缺口的背面,试样缺口对称面偏离两支座间的中点应不大于 0.5 mm(见图 4-28)。试验前应检查摆锤空打时的回零差或空载能耗,检查支座跨距,支座跨距应保证在 $40^{+0.2}$ mm 以内。

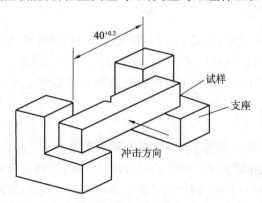

**图 4-28　试样与摆锤冲击试验机支座**

4. 对于试验温度有规定的,应在规定温度 ±2 ℃范围内进行,如果没有规定,室温冲击试验应在(23 ±5) ℃范围内进行。

### 4.5.3　试样形状与尺寸

冲击试样样坯的切取应按相关产品标准或 GB/T 2975 的规定执行,试样制备过程应使由于过热或冷加工硬化而改变材料冲击性能的影响减至最小。试样的尺寸及偏差如图 4-29 所示,要求标准尺寸冲击试样长度 $l$ 为 55 mm,横截面为 10 mm × 10 mm 的方形截面,试样表面粗糙度 $Ra$ 应优于 5 $\mu$m(端部除外),对于需热处理的试验材料,应在最后精加工前进行热处理。在试样长度中间有 V 型或 U 型缺口,对缺口的制备应仔细保证缺口根部处没有影响吸收能的加工痕迹,缺口对称面应垂直于试样纵向轴线。

V 型缺口:V 型缺口应有 45°夹角,其深度为 2 mm,底部曲率半径为 0.25 mm,如图 4-28a 所示。

U 型缺口:U 型缺口深度应为 2 mm 或 5 mm(除非另有规定),底部曲率半径为 1 mm,如图 4-28b 所示。

规定的试样及缺口尺寸与偏差在图 4-29 和表 4-6 中给出。

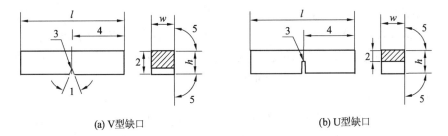

(a) V型缺口　　　　　　　　　　　　　　(b) U型缺口

**图 4-29　夏比冲击试样**

符号 $l$、$h$、$w$ 和数字 1～5 的尺寸见表 4-6。

**表 4-6　试样的尺寸与偏差**

| 名称 | 符号及序号 | V 型缺口试样 | | U 型缺口试样 | |
|---|---|---|---|---|---|
| | | 公称尺寸 | 机加工偏差 | 公称尺寸 | 机加工偏差 |
| 长度 | $l$ | 55 mm | ± 0.60 mm | 55 mm | ± 0.60 mm |
| 高度[a] | $h$ | 10 mm | ± 0.075 mm | 10 mm | ± 0.11 mm |
| 宽度[a](标准试样) | $w$ | 10 mm | ± 0.11 mm | 10 mm | ± 0.11 mm |
| 缺口角度 | 1 | 45° | ± 2° | — | — |

| 名称 | 符号及序号 | V 型缺口试样 | | U 型缺口试样 | |
|---|---|---|---|---|---|
| | | 公称尺寸 | 机加工偏差 | 公称尺寸 | 机加工偏差 |
| 缺口底部高度 | 2 | 8 mm | ±0.075 mm | 8 mm[b] | ±0.09 mm |
| | | | | 5 mm[b] | ±0.09 mm |
| 缺口根部半径 | 3 | 0.25 mm | ±0.025 mm | 1 mm | ±0.07 mm |
| 缺口对称面 – 端部距离[a] | 4 | 27.5 mm | ±0.42 mm[c] | 27.5 mm | ±0.42 mm[c] |
| 缺口对称面 – 试样纵轴角度 | — | 90° | ±2° | 90° | ±2° |
| 试样纵向面间夹角 | 5 | 90° | ±2° | 90° | ±2° |

[a]除端部外,试样表面粗糙度应优于 $Ra$ 5 μm。
[b]如规定其他高度,应规定相应偏差。
[c]对自动定位试样的试验机,建议偏差用 ±0.165 mm 代替 ±0.42 mm。

### 4.5.4 试验原理

试验时,将带有缺口的试样安放于试验机的两支座之间,缺口背向打击面放置,举起摆锤使它自由下落将试样冲断。若摆锤重量为 $G$,处于挂摆位置时质心高度为 $H_0$,摆锤冲断试样后通过支座的最大上升高度为 $H_1$,则势能的变化为 $G(H_0 - H_1)$,如图 4-30 所示,等于冲断试样所消耗的功 $W$,亦即冲击中试样所吸收的功为

$$K = W = G(H_0 - H_1) \tag{4-28}$$

式中: $K$ 为吸收功。

如果不计摩擦损失及空气阻力等因素,则消耗于冲断试样的功的数值就等于冲击前摆锤所具有的位能与冲击后摆锤所剩余的位能之差值。JB – 300B 冲击试验机已经根据式(4-28)将相应的 $K$ 值算出来并直接刻在度盘上,因此冲击后可以直接读出消耗于冲断试样的功的数值,不必另行计算。由于一般试样有切槽,试样切槽处的横截面面积并不等于 100 mm²,因而冲击后度盘上所读取的数值并不是材料的单位冲击韧性。为了求出材料的单位冲击韧性 $\alpha_k$,需要把试验后得到的数据除以试样在切槽处的横截面面积:

$$\alpha_K = \frac{K}{S_0} \tag{4-29}$$

式中: $S_0$ 为断口横截面面积。

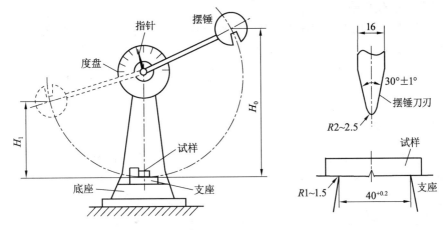

**图 4-30　摆锤式冲击试验机工作原理**

### 4.5.5　试验步骤

1. 启动冲击试验机,做好试验准备工作。

2. 试样尺寸测量:测量试样缺口处的宽和高,数据填入表 4-7,计算最小横截面积。

**表 4-7　冲击试样原始尺寸记录表**

| 材料 | 高度 $h$/mm | | | 宽度 $w$/mm | | | 最小横截面积/mm$^2$ | 能量/J |
|------|------|------|------|------|------|------|------|------|
| | 1 | 2 | 平均 | 1 | 2 | 平均 | | |
| 低碳钢 | | | | | | | | |
| 铸铁 | | | | | | | | |

3. 让摆锤自由下垂,使被动指针紧靠主动指针,然后举起摆锤空打(即试验机上不放置试样),若被动指针不能指零,应调整使其指零。

4. 按图 4-29 安放试样,使缺口对称面处于支座跨度中点,偏差小于 ±0.2 mm,锤刃沿缺口对称面打击试样缺口的背面。

5. 摆锤举至需要位置,然后使其下落冲断试样,记录被动指针在度盘上的读数值于表 4-7,即为冲断试样所消耗的功。

6. 观察试样断口。

### 4.5.6　注意事项

1. 开机使用时先空转运行,以检查机器是否正常,如果保险销不复位,需按动

"退销"按钮,使保险销复位。

2. 当摆锤在扬摆过程中尚未挂于挂摆机构上时,试验人员不得在摆锤摆动范围内活动,以免偶然断电而发生危险。

3. 试验完毕后,按住放摆按钮,当摆锤落放至铅垂位置时,松开放摆按钮,切断电源。

### 4.5.7 试验结果处理

1. 试样未完全断裂:对于试样试验后没有完全断裂的情况,可以报出冲击吸收能量,或与完全断裂试样结果平均后报出。由于试验机打击能量不足,试样未完全断开,吸收能量不能确定,试验报告应注明:用×J的试验机试验,试样未断开。

2. 试样卡锤:如果试样卡在试验机上,试验结果无效,应彻底检查试验机,否则试验机的损伤会影响测量的准确性。

3. 断口检查:如断裂后检查显示出试样标记是在明显的变形部位,试验结果可能不代表材料的性能,应在试验报告中注明。

4. 试验结果:读取每个试样的冲击吸收能量,应至少估读到0.5 J或0.5个标度单位(取两者之间较小值)。试验结果至少应保留2位有效数字。

根据测量结果按式(4-29)算出 $\alpha_K$。

### 4.5.8 试验报告

试验报告应包括试验目的、原理,试验机型号和规格;参照的标准,试样标识,材料名称、牌号;试样的取样方向和位置,与标准尺寸不同的试样尺寸,缺口类型(缺口深度);冲击吸收功;没有完全断裂的试样数,可能影响试验的异常情况等。

### 4.5.9 思考题

1. 试说明冲击吸收功代表材料的什么性质。
2. 比较低碳钢和铸铁两种材料的 $K$ 值,分析两种材料断口形貌特征。

## 4.6 金属材料疲劳试验

金属材料的疲劳试验用于测定金属的疲劳破坏性质。实践表明,在足够大的交变应力作用下的结构构件,虽然所受应力远小于静载荷下材料的强度极限或屈服极限,但经过应力的多次重复后,构件某些部位会萌生裂纹并逐渐扩展,直至最后突然失效断裂。金属材料因交变应力引起的这种失效现象称为疲劳破坏。疲劳断裂破坏常在没有任何先兆的情况下突然发生,即使是塑性较好的低碳钢材料,破坏前也没有明显的塑性变形,具有很大的危险性。从本质上看疲劳破坏是一种三向拉伸下的脆断破坏。

### 4.6.1　试验目的

1. 了解金属材料疲劳试验方法及疲劳性能测试的主要设备。
2. 了解金属材料应力疲劳性能的主要测试方法($S-N$ 曲线法)。
3. 观察金属材料疲劳破坏断口形式,分析疲劳破坏机理。

### 4.6.2　试验设备及要求

1. GPS200 型高频疲劳试验机性能见 4.1.5,试验机的静载荷按 JJG 556《轴向加荷疲劳试验机》检定规程进行校正,其系统误差不大于 ±1%,偏差不大于 1%。误差达 ±2% 时仍可使用,但必须作出校正曲线并加以修正。

2. 关于应力或应变控制的稳定性要求:相继两循环的重复性应在所试应力或应变范围的 1% 以内,或平均范围的 0.5% 以内,整个试验过程应稳定在 2% 以内。

3. 夹具应具有良好的同轴度;连接试样的夹头可采用任何方式,如螺纹或带台肩等。但试验时试样、夹头和试验机的连接必须固紧,以免载荷换向时试样与夹头松动或造成间隙。

### 4.6.3　试样形状与尺寸

材料疲劳试样按试样截面形状可以分为圆形横截面试样和矩形横截面试样,材料的基本疲劳性能一般均由圆试样得出。而按有无应力集中,材料疲劳试样又可分为光滑试样和缺口试样。本试验以光滑圆试样为例加以说明,几何形状如图 4-31 所示,在平行部位和夹持端之间具有切向过渡圆弧(见图 4-31a)或者夹持端间连续半径的圆弧形横截面(见图 4-31b)。图 4-31a 中试样尺寸应满足测量部分的直径 $d \geqslant 3$ mm,过渡圆弧半径 $r \geqslant 2d$,夹持端直径 $D \geqslant 2d$,平行部分长度 $l \leqslant 8d$。而试样的公差要满足三个要求:平行度( $/\!/$ )$\leqslant 0.005d$,同轴度( $\circledcirc$ )$\leqslant 0.005d$,垂直度( $\perp$ )$\leqslant 0.005d$。

试样的表面状态对试验结果有影响,通常采用平均粗糙度进行量化。无论试验条件如何,都规定平均表面粗糙度值小于或等于 $Ra$ 0.2 μm。

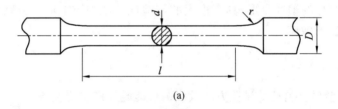

(a)

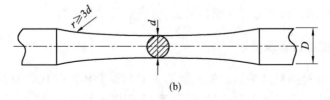

(b)

图 4-31　疲劳试样

## 4.6.4　试验原理

在图 4-32 所示的外加交变应力中,由 $a$ 到 $b$ 应力经历了变化的全过程又回到原来的数值,称为一个应力循环;最小应力和最大应力的比值 $R = \sigma_{min}/\sigma_{max}$ 称为交变应力的循环特性或应力比。

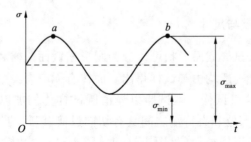

图 4-32　疲劳应力曲线

给定 $R$,若试样最大应力为 $\sigma_{max,1}$,在经历了 $N_1$ 次循环后,发生失效断裂,则 $N_1$ 称为应力为 $\sigma_{max,1}$ 时的疲劳寿命。一般来说,在同一循环特性下,最大应力 $\sigma_{max}$ 越大,材料疲劳寿命越短。随着应力水平的降低,疲劳寿命(导致疲劳断裂的循环次数)将迅速增加。逐步降低应力水平,即可得到各应力水平相对应的疲劳寿命。以各应力水平的最大应力 $\sigma_{max}$ 为纵坐标、疲劳寿命 $N$ 为横坐标,根据试验结果拟合的曲线称为应力 – 寿命曲线或 $S-N$ 曲线。图 4-33 所示为典型钢材的 $S-N$ 曲线,可见,当应力最大值降到某一极限值 $\sigma_R$ 时,$S-N$ 曲线接近水平,也就是说,当应力不超过 $\sigma_R$ 时,疲劳寿命 $N$ 可以无限增大。$\sigma_R$ 称为疲劳极限或持久极限,表示循环特征。

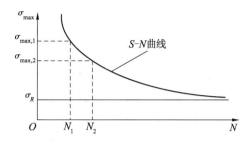

**图 4-33　疲劳寿命 $S-N$ 曲线**

通常,黑色金属试样如经历 $10^7$ 次循环仍未失效,那么再增加循环次数一般也不会失效。所以可以把 $10^7$ 次循环下仍未失效的最大应力作为疲劳极限 $\sigma_R$。铝镁合金和其他特种合金以及钢在腐蚀介质中的 $S-N$ 曲线则往往不存在水平直线部分,$N>10^8$ 时往往仍未趋向水平,通常规定一个循环次数 $N_0$,如取 $N_0=10^8$,将它对应的最大应力作为疲劳极限,称作条件疲劳极限。

疲劳极限和 $S-N$ 曲线的测定方法有多种,本试验主要介绍常规试验方法中的单点法。该方法耗时少、周期短,因此得到广泛的应用。要更精确地确定材料的抗疲劳性能可采用升降法。

单点法是在每一应力水平下试验 1 个试样。试验一般从最高应力水平开始,逐级降低应力水平,记录在各级应力水平下试样的疲劳寿命 $N$,直到完成全部试验为止。单点法至少需要 10 个材料和尺寸均相同的试样。其中,1 个试样用来做静载试验,以确定 $\sigma_b$;7~8 个试样用来进行疲劳试验;1~2 个试样作为备用件。

$S-N$ 曲线是在给定循环特征 $r$ 的条件下由试验得到的,对于不同的 $r$,可得出与之相应的 $S-N$ 曲线。$r$ 通常根据设计要求和试验机的条件来确定。对称循环应力较为常用,即 $r=-1$ 的情况。试验时,应力水平至少取 7 级。高应力水平的间隔可取得大一些,随着应力水平的降低,间隔越来越小。轴向加载的圆形试样的最高应力水平一般取 $(0.6\sim0.7)\sigma_b$。

应力水平由高到低的试验中,疲劳极限或条件疲劳极限的判定可按下述方法进行:若第 6 个试样在最大应力 $\sigma_{max,6}$ 作用下循环次数没有到达 $N_0$ 就破坏了,而第 7 个试样在最大应力 $\sigma_{max,7}$ 作用下超过 $10^7$ 次循环仍没有破坏,且两个应力的差 $\sigma_{max,6}-\sigma_{max,7}\leqslant5\%\sigma_{max,7}$,则 $\sigma_{max,6}$ 和 $\sigma_{max,7}$ 的平均值 $\sigma_R=(\sigma_{max,6}+\sigma_{max,7})/2$ 就是疲劳极限或条件疲劳极限。

如果 $\sigma_{max,6}-\sigma_{max,7}>5\%\sigma_{max,7}$,则需要第 8 个试样的试验数据。此时取 $\sigma_{max,8}=(\sigma_{max,6}+\sigma_{max,7})/2$,试验后可能有如下两种情况:① 若第 8 个试样的循环次数 $N_8\geqslant N_0$,且 $\sigma_{max,6}-\sigma_{max,8}\leqslant5\%\sigma_{max,8}$,则认为疲劳极限为 $\sigma_R=(\sigma_{max,6}+\sigma_{max,8})/2$;② 若第 8 个试样的循环次数 $N_8<N_0$,且 $\sigma_{max,8}-\sigma_{max,7}\leqslant5\%\sigma_{max,7}$,则认为疲劳极限为

$$\sigma_R = (\sigma_{\max,8} + \sigma_{\max,7})/2。$$

### 4.6.5 试验步骤

1. 检查试件有无明显伤害或缺陷,并测量试件几何尺寸。

2. 进行静力试验,单根常规试验就取一根试件进行拉断试验,以检查材料是否符合要求,并选定疲劳试验各应力水平。

3. 根据要求确定应力比 $R$,若没有要求,一般采用 $R = 0.1$。

4. 装夹好试样,按照预定的 $\sigma_{\max}$ 值,计算出所需的载荷,采用常幅疲劳,载荷控制,按正弦波加载。

5. 开始试验,进行到试样断裂,记下断裂时的循环次数等试验数据。

6. 逐次降低最大应力 $\sigma_{\max}$ 的数值,按上述步骤继续进行其余试件试验,直至有一根试样达到规定的循环次数,得到应力值 $\sigma_R$。

### 4.6.6 试验结果处理

1. 数据记录见表4-8。

表 4-8　试验数据记录表

| 试样数 $i$ | 疲劳寿命 $N_i$/周次 | 疲劳寿命的对数 $x_i = \log N_i$ | 概率 $P_i$/% |
|:---:|:---:|:---:|:---:|
| 1 | | | |
| 2 | | | |
| 3 | | | |
| 4 | | | |
| 5 | | | |
| 6 | | | |
| 7 | | | |
| 8 | | | |

疲劳试验数据处理过程参照 GB/T 24176—2009《金属材料　疲劳试验　数据统计方案与分析方法》。其中第 $i$ 级失效概率可以估计为 $P_i = (i - 0.3)/(n + 0.4)$,当试样个数 $n$ 足够大时,经常使用 $P_i = i/(n + 1)$ 计算。

2. 根据一组试验结果,绘制 $S - N$ 图。

3. 确定疲劳极限 $\sigma_R$ 的数值。

### 4.6.7　试验报告

试验报告的内容包括试验目的、试验原理、试验设备、试样信息、试验过程信息、数据处理、结果分析、破坏断口特征及试验体会等。

### 4.6.8　思考题

1. 疲劳试样的有效测试部分为什么要经过表面磨削处理?
2. 如何判别材料或构件的破坏为疲劳破坏?
3. 影响构件疲劳强度的主要因素有哪些?

# 第5章　应变电测法应用实验

## 5.1　桥路组合实验

### 5.1.1　实验目的

1. 掌握在静态载荷下使用静态电阻应变仪进行单点应变测量的方法。
2. 学习并掌握电阻应变片的各种组桥接线方法。

### 5.1.2　实验设备及仪器

1. 等强度梁装置

装置如图 5-1 所示,包括加载砝码和粘贴好的应变片及补偿块。

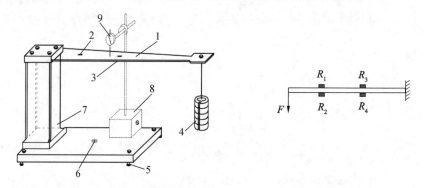

1—等强度梁;2、3—粘贴在梁上、下表面的应变片;4—加载砝码;5—水平调节螺钉;
6—水平仪;7—等强度梁座体;8—百分表支座;9—百分表

**图 5-1　等强度悬臂梁实验装置及布片示意图**

等强度梁 1 采用高强度铝合金材料,其弹性模量见实际等强度梁实验装置。

2. 静态电阻应变仪

UT7110Y 液晶屏高速静态应变仪如图 5-2 所示,静态应变测试系统内置 ARM7、CPU 和触摸屏,可独立进行测试,也可直接与计算机通信,构成高速数据采集处理系统。该仪器也内置了由精密低温漂电阻组成的内半桥,同时又提供了公共补偿片的接线端子,每个测点都可通过不同的组桥方式组成全桥、半桥、四分之一桥(公共补偿片)的形式。量程为 0 ~ ±30000 $\mu\epsilon$,分辨率为 0.1 $\mu\epsilon$,只需按桥路形式连接示意图连接应变片,并在计算机软件中将"测点参数设置"中的"连接形式"一栏设为相应的桥路形式即可。仪器还可连接应变式传感器测量力、位移等物理量,连接热电偶进行温度测量。在由多台 UT7110Y 应变仪组成的应变测试系统中,每台仪器既可由前级仪器通过 8 芯插孔提供电源,又可通过 8 芯插针提供电源给后级仪器,各应变仪之间的连接方式灵活多变,便于用户的现场测试,适用于各类应力应变测量场合。

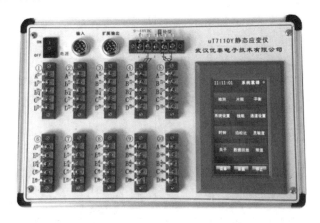

**图 5-2  UT7110Y 静态应变仪实物图**

### 5.1.3  实验原理

在等强度梁上贴上应变片,如图 5-1 所示,当自由端作用载荷后,电阻片随着梁一起变形。测量时,将电阻片接入应变仪的测量电桥。测量电桥可组成多种形式,若组合恰当,可提高电桥的输出放大系数。

在测量应变时,将贴好的应变片接入应变仪的测量电桥,如果接入应变片的数量和所处桥臂的位置不同,将影响应变仪的读数。

设

$$R_1 = R_2 = R_3 = R_4 = R$$

则

$$\Delta R_1 = -\Delta R_2 = \Delta R_3 = -\Delta R_4$$

$$\varepsilon_1 = -\varepsilon_2 = \varepsilon_3 = -\varepsilon_4$$

由电桥测量原理可得读数 $\varepsilon_{ds}$ 与测量电桥四桥臂电阻片的应变值的关系为

$$\varepsilon_{ds} = \varepsilon_1 - \varepsilon_2 + \varepsilon_3 - \varepsilon_4 \tag{5-1}$$

从式(5-1)中可得结论:在测量电桥相邻的两臂上,当应变符号相同时,将使应变仪的读数减小,即降低电桥输出;当应变符号相反时,将使应变仪的读数增大,即提高电桥输出。而在电桥相对的两桥臂上则与相邻两臂上的情况相反。具体电桥组合见表5-1。

表 5-1　电桥组合读数

| | 工作桥臂 | 桥路组合 | 补偿方式 | 应变仪读数 | 电桥放大系数 |
|---|---|---|---|---|---|
| $R_1$ $R_3$ $R_2$ $R_4$ $R_t$ | $R_1$ | 半桥 | 另补 | $\varepsilon_{ds} = \varepsilon_W$ | 1 |
| | $R_2 R_1$ | 半桥 | 自补 | $\varepsilon_{ds} = 2\varepsilon_W$ | 2 |
| | $R_1 R_2$ $R_3 R_4$ | 全桥 | 自补 | $\varepsilon_{ds} = 4\varepsilon_W$ | 4 |

设由于载荷 $F$ 的作用,校正梁上下表面贴有电阻片之处的应变为 $\varepsilon_W$;由温度变化引起的应变为 $\varepsilon_t$,则

对半桥另补桥路:

$$\begin{aligned}
\varepsilon_{ds} &= \varepsilon_1 - \varepsilon_2 + \varepsilon_3 - \varepsilon_4 \\
&= (\varepsilon_W + \varepsilon_t) - \varepsilon_t + 0 - 0 \\
&= \varepsilon_W
\end{aligned}$$

($\varepsilon_{tR}$ 为温度补偿片在校正梁同一温度场的温度应变,故 $\varepsilon_t = \varepsilon_{tR}$。)

对半桥自补桥路:

$$\begin{aligned}
\varepsilon_{ds} &= \varepsilon_1 - \varepsilon_2 + \varepsilon_3 - \varepsilon_4 \\
&= (\varepsilon_W + \varepsilon_t) - (-\varepsilon_W + \varepsilon_t) + 0 - 0 \\
&= 2\varepsilon_W
\end{aligned}$$

对全桥自补桥路:

$$\begin{aligned}
\varepsilon_{ds} &= \varepsilon_1 - \varepsilon_2 + \varepsilon_3 - \varepsilon_4 \\
&= (\varepsilon_W + \varepsilon_t) - (-\varepsilon_W + \varepsilon_t) + (\varepsilon_W + \varepsilon_t) - (-\varepsilon_W + \varepsilon_t) \\
&= 4\varepsilon_W
\end{aligned}$$

### 5.1.4 测试方法

一般从静态应变仪上读取应变值有两种方法:直读法和零读法。

1. 直读法

加载前调电桥平衡,仪器显示为"0",加载后,输出后的电压值已经过换算,直接读取的显示值即为应变,仪器显示值为 $\mu\varepsilon$(微应变)。

2. 零读法

通常采用双桥电路,如图 5-3 所示,它由测量电桥 $ABCD$ 和读数电桥 $A'B'C'D'$ 组成,两个电桥由同一电源供电,两电桥的输出端串联,测量前分别使两电桥平衡,$B$、$D'$ 两点间无电压输出,指示电表为零。当所测构件加载受力变形后,测量电桥上应变片电阻值随之改变,使测量电桥失去平衡,$B$、$D$ 两点输出电压,指示电表偏转,这时,调整读数电桥,使它输出一个与测量电桥输出电压大小相等、方向相反的电压,使 $B$、$D'$ 两点间输出电压为零,指示电表指针返回零,这时可从读数电桥的度盘上读出相应的应变值。

$$\Delta U_{读} = \frac{UK}{4}\varepsilon_{d} = \frac{UK}{4}(\varepsilon_1 - \varepsilon_2 + \varepsilon_3 - \varepsilon_4) \tag{5-2}$$

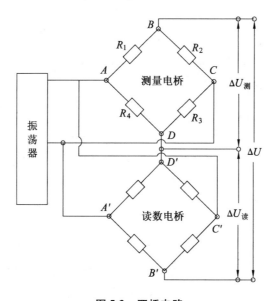

图 5-3 双桥电路

### 5.1.5 仪器读数修正

有些应变仪的灵敏度系数无法调整到与应变片灵敏度系数一致,这时,仪器读

数应按式(5-3)进行修正:

$$\varepsilon = \frac{\varepsilon_{\text{ds}}K_{\text{仪}}}{K} \tag{5-3}$$

式中:$\varepsilon$ 为实际应变;$\varepsilon_{\text{ds}}$、$K_{\text{仪}}$ 分别表示仪器读数和仪器灵敏度系数;$K$ 为应变片灵敏度系数。

### 5.1.6　实验步骤

1. 根据引线的编组和颜色,仔细识别引线与应变片的对应关系。

2. 打开静态应变仪预热,输入应变片电阻值和灵敏度系数,调零,逐步检测各个测点,使电桥处于平衡状态。

3. 根据实验内容,分别按全桥、半桥、四分之一桥的接法接成桥路;然后在静态应变仪上分别选择相应桥路,再加载、测量和记录不同载荷时的测点数据填入表 5-2。

表 5-2　桥路组合测试记录表

| 载荷/g | 桥路/$\mu\varepsilon$ | | | | | |
|---|---|---|---|---|---|---|
| | 全桥 | | 半桥 | | 四分之一桥 | |
| | $\varepsilon_{\text{ds}}$ | $\Delta\varepsilon$ | $\varepsilon_{\text{ds}}$ | $\Delta\varepsilon$ | $\varepsilon_{\text{ds}}$ | $\Delta\varepsilon$ |
| | | | | | | |
| | | | | | | |
| | | | | | | |
| | | | | | | |
| | | | | | | |
| $\varepsilon_{\text{sy}}$(平均应变) | | | | | | |
| $\varepsilon_{\text{u}}$(理论值) | | | | | | |
| $\beta$(误差) | | | | | | |

4. 实验完毕,将各仪器、装置复原,整理数据。

根据标牌上提示的 $E$、$a$、$b$、$h$,用以下公式进行计算:

$$W_{\text{z,max}} = \frac{bh^2}{6} \tag{5-4}$$

$$M_{\max} = Fa \tag{5-5}$$

$$\sigma_{\max} = \frac{M_{\max}}{W_{z,\max}} \tag{5-6}$$

利用 $\sigma = \sigma_{\max}$ 及 $\varepsilon = \sigma/E$ 得到理论值 $\varepsilon_u$，最后根据式（5-7）计算电桥放大系数 $\beta$，并填入表格。

$$\beta = \frac{\varepsilon_{实}}{\varepsilon_{理}} \tag{5-7}$$

### 5.1.7　实验报告

1. 填写实验名称、目的、设备和仪器。

2. 画出应变片布置示意图和电桥示意图。

3. 将原始数据以表格形式进行记录。

4. 将测出的应变实际值与理论值进行比较，并计算误差。实验资料交给指导教师签字。

5. 分析实验结果并讨论应变片的各种接桥方法，比较它们的优缺点。

# 5.2　纯弯梁正应力实验

### 5.2.1　实验目的

1. 测定梁纯弯段应变、应力分布规律，将实测值与理论值进行比较。

2. 用电测法测定纯弯曲梁泊松比 $\mu$。

3. 学习静态应变仪的操作及多点测量技术。

### 5.2.2　实验设备及仪器

1. 纯弯梁实验装置

实验装置的结构如图 5-4 所示。

该实验装置占地面积小，实验方便，手动加载，数字显示载荷，操作简单安全，便于保管和使用。

2. 静态电阻应变仪

详见 5.1.2。

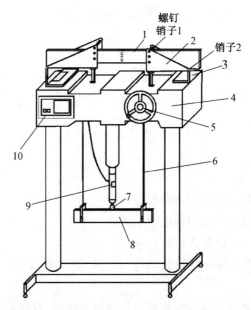

1—被测对象弯曲梁;2—定位板;3—支座;4—实验机架;5—加载调节手柄;
6—两端带万向接头的加载杆;7—加载压头;8—加载横梁;9—载荷传感器;10—测力仪

**图5-4 纯弯梁实验装置**

### 5.2.3 实验原理与方法

图 5-5 所示为矩形截面简支梁,在距离两支座为 $a$ 的 $C$、$D$ 处的纵向对称面上加一相等的力 $F/2$,由内力分析知,该二力之间的梁截面上剪力为零,弯矩为常数,中性层弯曲成曲率半径相等的圆弧面,这种情况称为纯弯曲。在纯弯曲条件下,梁横截面上任一点的正应力公式为

$$\sigma = \frac{M}{I_z}y \tag{5-8}$$

式中:$M$ 为弯矩;$I_z$ 为横截面对中性轴的惯性矩;$y$ 为所求应力点至中性轴的距离。可知,梁内正应力及梁表面之应变值均与测点距中性层的距离 $y$ 成正比。所以,根据已知作用于纯弯曲梁上的外力 $F$,梁的截面尺寸 $b$、$h$ 和距离 $a$,可以计算出截面上任意一点的应力。

用实验可以验证上述理论公式,为了测量纯弯梁横截面上的正应力分布规律,在梁的上表面、下表面、中性层及距离中性层为 $\pm h/4$ 和 $\pm h/2$ 处沿纵向布置 7 个应变片,如图 5-5 所示,在上表面或下表面可粘贴一个横向布置的应变片,用于测量泊松比,加载后测量各应变片的应变。测量时,温度补偿片应放置在纯弯曲梁附近,以使温度补偿片与工作片处于同一均匀温度场中。各测点桥路调节平衡后,加载读数,最后记录各测点应变值。根据胡克定律 $\sigma = E\varepsilon$ 计算出 $\sigma_{实}$ 的值。若实验测得应变片 1 号和 2 号的应变 $\varepsilon_1$、$\varepsilon_2$ 满足 $\varepsilon_1/\varepsilon_2 \approx \mu$,则证明梁弯曲时近似为单向应力状态,即梁的纵向纤维间无挤压的假设成立。

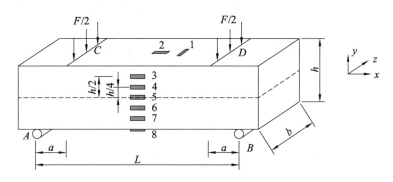

**图 5-5  纯弯梁布片示意图**

显然,实验应在材料的弹性范围内进行,实验载荷不能超过允许的载荷。实验时采用等差加载的方法来检验结果的线性度。一般等差加载 5 次,每次加载后,梁将受到弯矩的增量 $\Delta M$ 的作用(单位:$\Delta F$ 为 kN,$\varepsilon$ 为 $\mu\varepsilon$),则

$$\Delta M_i = \Delta F_i \cdot a/2 \tag{5-9}$$

$$\Delta \sigma = \frac{\Delta M_i}{I_z} y \tag{5-10}$$

每次加载后均测读记录应变值 $\varepsilon_i$,则有 $\Delta \varepsilon = \varepsilon_i - \varepsilon_{i-1}$,将其代入式(5-11),得实验值($n$ 为加载次数,一般 $n = 5$ 即可):

$$\Delta \sigma_{实} = E \frac{\sum_{i=1}^{n} \Delta \varepsilon_i}{n} \tag{5-11}$$

然后将所得的实验值与理论值进行比较。

### 5.2.4  实验步骤

1. 将各仪器连接好,应变仪预热。

2. 将梁上各测点电阻应变片依次牢固地连接到静态应变仪的各通道上,调整好仪器及加载装置,检测整个测试系统是否处于正常工作状态。

3. 逐点调节各测点桥路平衡。

4. 均匀、缓慢顺序加载,每增加一级荷载,记下各测点应变读数,注意控制载荷不要超过设备最大载荷,实验至少重复两遍。

5. 实验结束,卸掉载荷,切断仪器电源,各旋钮复位,拆去接线,清理现场,实

验资料交给指导教师签字。

### 5.2.5 实验数据与实验报告

1. 测定梁上各测点在载荷增量 $\Delta F$ 作用下相应的正应力值 $\sigma_{实}$,把测定的数据填入表 5-3,计算在同一载荷增量 $\Delta F$ 作用下各测点的正应力理论值,画出实验测试与理论计算的正应力分布图,并计算最大正应力测点的实验误差。

**表 5-3  正应力测试记录表**

| 载荷/kN | | 应变/με | | | | | | | | | | | | | | |
|---|---|---|---|---|---|---|---|---|---|---|---|---|---|---|---|---|
| | | 测点 1 | | 测点 2 | | 测点 3 | | 测点 4 | | 测点 5 | | 测点 6 | | 测点 7 | | 测点 8 | |
| $F$ | $\Delta F$ | $\varepsilon_1$ | $\Delta\varepsilon_1$ | $\varepsilon_2$ | $\Delta\varepsilon_2$ | $\varepsilon_3$ | $\Delta\varepsilon_3$ | $\varepsilon_4$ | $\Delta\varepsilon_4$ | $\varepsilon_5$ | $\Delta\varepsilon_5$ | $\varepsilon_6$ | $\Delta\varepsilon_6$ | $\varepsilon_7$ | $\Delta\varepsilon_7$ | $\varepsilon_8$ | $\Delta\varepsilon_8$ |
| | / | | / | | / | | / | | / | | / | | / | | / | | / |
| | | | | | | | | | | | | | | | | | |
| | | | | | | | | | | | | | | | | | |
| | | | | | | | | | | | | | | | | | |
| | | | | | | | | | | | | | | | | | |
| $\Delta\bar{F}$ | | $\Delta\bar{\varepsilon}_1$ | | $\Delta\bar{\varepsilon}_2$ | | $\Delta\bar{\varepsilon}_3$ | | $\Delta\bar{\varepsilon}_4$ | | $\Delta\bar{\varepsilon}_5$ | | $\Delta\bar{\varepsilon}_6$ | | $\Delta\bar{\varepsilon}_7$ | | $\Delta\bar{\varepsilon}_8$ | |
| 应变片编号 | | | | | | | | | | | | | | | | | |
| $\sigma_{实}=E\cdot\Delta\bar{\varepsilon}/\mathrm{MPa}$ | | | | | | | | | | | | | | | | | |
| $\sigma_{理}=\sigma\dfrac{M_i}{y_i}$ | | | | | | | | | | | | | | | | | |
| 误差 | | | | | | | | | | | | | | | | | |

2. 实验应力分布曲线与理论应力分布曲线的比较。

根据各点的实测应力值和理论计算应力值,绘制沿梁横截面高度的实测应力分布曲线(画实线)与理论应力分布曲线(画虚线),并比较两者偏离的程度,如果两者接近,说明纯弯曲梁正应力公式成立,分析误差原因。

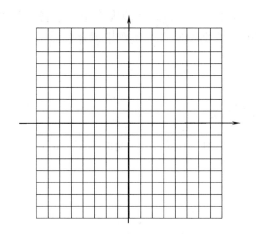

# 5.3　弯扭组合变形实验

### 5.3.1　实验目的

1. 薄壁圆筒发生弯扭组合变形时测定截面上的弯矩、扭矩和剪力,并与理论值比较。

2. 用电测法测定平面应力状态下的主应力的大小和方向。

### 5.3.2　实验设备及仪器

1. 弯扭实验装置

实验装置如图 5-6 所示。

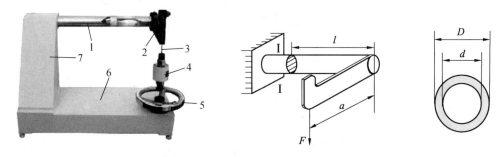

**图 5-6　薄壁圆筒弯扭组合实验装置**

它由薄壁圆管 1(已粘好应变片)、扇臂 2、钢索 3、传感器 4、加载手轮 5、座体 6、数字测力仪 7 等组成。实验时,逆时针转动加载手轮,传感器受力,将信号传给数字测力仪,此时,数字测力仪显示的数字即为作用在扇臂顶端的载荷值,扇臂顶端作用力传递至薄壁圆管上,薄壁圆管产生弯扭组合变形。

2. 静态电阻应变仪

详见5.1.2。

### 5.3.3 实验原理与方法

实验原理同5.2.3,如图5-6所示,理论值与实验值计算如下:

5.3.3.1 理论值计算

1. 主应力大小和方向

$$\begin{cases} \sigma_1 \\ \sigma_3 \end{cases} = \frac{\sigma}{2} \pm \sqrt{\left(\frac{\sigma}{2}\right)^2 + \tau^2} \tag{5-12}$$

式中:$\sigma$ 为最大弯曲正应力;$\tau$ 为最大扭转切应力。

$$\alpha_0 = \frac{1}{2}\arctan\left(\frac{-2\tau}{\sigma}\right) \tag{5-13}$$

2. 弯曲正应力($B$、$D$ 两点)

$$\sigma_M = \frac{M}{W_z} = \frac{My}{I_z} = \frac{8My}{\pi D_0^3 t} \tag{5-14}$$

3. 弯曲切应力($A$、$C$ 两点)

$$\tau_{F_s} = \frac{2F_s}{A} = \frac{2F_s}{\pi D_0 t} \tag{5-15}$$

4. 扭转切应力($A$、$B$、$C$、$D$ 四点)

$$\tau_T = \frac{T}{W_t} = \frac{2T}{\pi D_0^2 t} \tag{5-16}$$

式中:$M$、$F_s$、$T$ 分别为 I-I 截面的弯矩、剪力和扭矩;$W_z$、$A$、$W_t$ 分别为横截面的抗弯截面系数、面积和抗扭截面系数;$D_0$ 为圆管平均直径;$t$ 为圆管壁厚。

5.3.3.2 实验值计算

1. 主应力大小和方向的测定

$$\begin{cases} \sigma_1 \\ \sigma_3 \end{cases} = \frac{E}{1-\mu^2}\left[\frac{1+\mu}{2}(\varepsilon_{-45°} + \varepsilon_{45°}) \pm \frac{1-\mu}{\sqrt{2}}\sqrt{(\varepsilon_{-45°} - \varepsilon_{0°})^2 + (\varepsilon_{0°} - \varepsilon_{45°})^2}\right] \tag{5-17}$$

$$\tan 2\alpha = \frac{\varepsilon_{45°} - \varepsilon_{-45°}}{(\varepsilon_{0°} - \varepsilon_{-45°}) - (\varepsilon_{45°} - \varepsilon_{0°})} \tag{5-18}$$

式中:$\alpha$ 为主应力与圆管轴线的夹角;$\mu$ 为泊松比。加载测得 $A$、$B$ 两点的均值 $\Delta\varepsilon_{-45°}$、$\Delta\varepsilon_{0°}$、$\Delta\varepsilon_{45°}$,计算得 $A$、$B$ 两点的主应力大小及方向。

2. 弯矩、剪力、扭矩所分别引起的应力的测定

（1）弯矩 $M$ 引起的正应力的测定

用 $B$、$D$ 两被测点 0°方向的应变片组成如图 5-7a 所示的半桥路线，可测得弯矩 $M$ 引起的正应变为

$$\varepsilon_M = \frac{\varepsilon_{Md}}{2} \tag{5-19}$$

由胡克定律可求得弯矩 $M$ 引起的正应力为

$$\sigma_M = E\varepsilon_M = \frac{E\varepsilon_{Md}}{2} \tag{5-20}$$

（2）剪力 $F_s$ 引起的切应力的测定

用 $A$、$C$ 两被测点 $-45°$、$45°$ 方向的应变片组成如图 5-7c 所示的全桥线路，可测得剪力 $F_s$ 在 45°方向所引起的应变为

$$\varepsilon_{F_s} = \frac{\varepsilon_{F_s d}}{4} \tag{5-21}$$

由广义胡克定律可求得剪力 $F_s$ 引起的切应力为

$$\tau_{F_s} = \frac{E\varepsilon_{F_s d}}{4(1+\mu)} \tag{5-22}$$

（3）扭矩 $T$ 引起的切应力的测定

用 $A$、$C$ 两被测点 $-45°$、$45°$ 方向的应变片组成如图 5-7b 所示的全桥路线，可测得扭矩 $T$ 在 45°方向所引起的应变为

$$\varepsilon_T = \frac{\varepsilon_{Td}}{4} \tag{5-23}$$

由广义胡克定律可求得扭矩 $T$ 引起的切应力为

$$\tau_T = \frac{E\varepsilon_{Td}}{4(1+\mu)} = \frac{G\varepsilon_{Td}}{2} \tag{5-24}$$

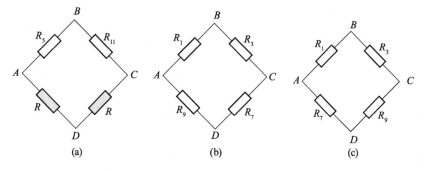

**图 5-7　应变片组桥**

### 5.3.4 实验步骤

1. 根据引线的编组和颜色,仔细识别引线与应变片的对应关系;将薄壁圆管上 $A$、$B$ 两点的应变片按实验要求接至应变仪测量通道上。

2. 根据实验目的和要求,采用四分之一桥测定应变花的应变。

3. 打开应变仪和载荷显示仪,逆时针旋转手轮,预加 50 N 初始载荷,将应变仪各测量通道置零。先预加载再对应变仪调平衡,加载后测试、记录各被测点的数据。

4. 实验完毕,将仪器、装置卸载复原。

### 5.3.5 注意事项

1. 本实验装置额定载荷 500 N,切勿超载,以免损坏仪器。

2. 本实验装置薄壁圆管上所贴的电阻应变花,切勿用手去摸,否则影响实验。

3. 安装调试完毕或每次实验完必须卸载,即当测力仪显示为零或出现"－"号,再将测力仪开关置关。

### 5.3.6 实验报告

1. 填写实验名称、目的、设备和仪器。

2. 画出应变片布置示意图和电桥示意图。

3. 根据测出的应变,计算弯矩、扭矩和剪力,并与理论值比较,计算误差,最后分析讨论。

将实验数据填入表 5-4,并计算 $\Delta\varepsilon$ 及其均值,再据此计算 $\sigma_{实}$、$\alpha_{实}$,最后与理论值比较,计算误差百分比(包括大小和方向)。

表 5-4 弯扭组合测试记录表

| 载荷/N | | $A$ 点 | | | | | | $B$ 点 | | | | | |
|--------|------|-----------------------|------------------------------|-------------------|---------------------------|---------------------|-----------------------------|-----------------------|------------------------------|-------------------|---------------------------|---------------------|-----------------------------|
| $F$ | $\Delta F$ | $\varepsilon_{-45°}$ | $\Delta\varepsilon_{-45°}$ | $\varepsilon_{0°}$ | $\Delta\varepsilon_{0°}$ | $\varepsilon_{45°}$ | $\Delta\varepsilon_{45°}$ | $\varepsilon_{-45°}$ | $\Delta\varepsilon_{-45°}$ | $\varepsilon_{0°}$ | $\Delta\varepsilon_{0°}$ | $\varepsilon_{45°}$ | $\Delta\varepsilon_{45°}$ |
| 50 | / | | / | | / | | / | | / | | / | | / |
| | | | | | | | | | | | | | |
| | | | | | | | | | | | | | |
| | | | | | | | | | | | | | |
| | | | | | | | | | | | | | |
| | | | | | | | | | | | | | |

| 载荷/N | | $A$ 点 | | | | | $B$ 点 | | | | |
|---|---|---|---|---|---|---|---|---|---|---|---|
| $\Delta \bar{F}$ | | $\Delta \varepsilon_{-45°}$ | | $\Delta \varepsilon_{0°}$ | | $\Delta \varepsilon_{45°}$ | | $\Delta \varepsilon_{-45°}$ | | $\Delta \varepsilon_{0°}$ | | $\Delta \varepsilon_{45°}$ | |
| $\sigma_{实}$ | | | | | | | | | | | |
| $\sigma_{理}$ | | | | | | | | | | | |
| 误差 | | | | | | | | | | | |

# 第6章 综合性实验

## 6.1 压杆稳定实验

### 6.1.1 实验目的

1. 熟悉电阻应变测量技术的基本原理和方法。
2. 绘制细长压杆的压力－应变关系曲线,确定临界压力。
3. 比较在各种支座条件下细长压杆的长度系数和临界压力。
4. 比较实验结果与理论计算结果,并分析误差原因。

### 6.1.2 实验设备及仪器

1. 压杆稳定实验装置。
2. 静态电阻应变仪、测力仪。
3. 游标卡尺、钢板尺。

### 6.1.3 实验试件

矩形截面细长杆件两侧面沿长度方向贴有单向应变片,安装在 BDCL－2 型压杆稳定实验装置上,如图 6-1a 所示。压杆材料为 65Mn 钢,弹性模量 $E$ 为 206 GPa。压杆可以安装成两端铰支、一端固定一端铰支、两端固定和一端固定一端自由四种支座条件。实验架上端与下端提供的约束条件分别如图 6-1b 和图 6-1c 所示。旋转实验架顶端的螺杆将实现等量逐级加载,载荷大小由力传感器通过数字显示仪显示。

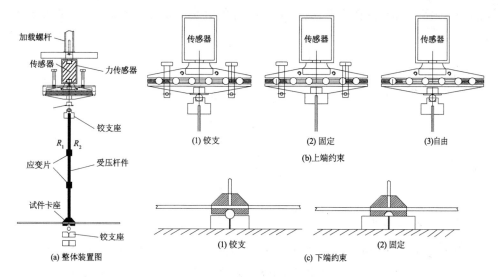

加载螺杆

传感器

力传感器

铰支座

$R_1$　$R_2$

应变片

受压杆件

试件卡座

铰支座

(a) 整体装置图

传感器

传感器

传感器

(1) 铰支　　　(2) 固定　　　(3)自由

(b)上端约束

(1) 铰支　　　　(2) 固定

(c) 下端约束

**图 6-1　压杆稳定实验装置**

### 6.1.4　实验原理和方法

细长压杆的临界力由欧拉公式(6-1)计算。

$$F_{cr} = \frac{\pi^2 EI}{(\mu l)^2} \tag{6-1}$$

式中:$I$ 为压杆横截面最小惯性矩;$l$ 为压杆有效长度;$\mu$ 为长度系数。$\mu$ 的值取决于压杆两端的约束条件:两端固定,$\mu = 0.5$;一端铰支一端固定,$\mu = 0.7$;两端铰支,$\mu = 1$;一端自由一端固定,$\mu = 2$。

对于理想压杆,当压力 $F$ 小于临界压力 $F_{cr}$ 时,压杆的直线平衡是稳定的,即使因微小的横向干扰力暂时发生轻微弯曲,干扰力解除后,仍将恢复直线形状。这时,压力与最大挠度 $\delta$ 或应变片测得的应变 $\varepsilon$ 的关系相当于图 6-2 中的直线 $OA$ 段。当压力达到临界压力 $F_{cr}$ 时,压杆的直线平衡变得不稳定,它可能转变为曲线平衡。按照小挠度理论,$F$ 与 $\varepsilon$ 的关系相当于图 6-2 中的水平线 $CD$ 段。

实际压杆不可能完全符合理想状态,难免有初弯曲、材料不均匀和压力偏心等缺陷。由于这些缺陷,在 $F$ 远小于 $F_{cr}$ 时,压杆就已出现弯曲。开始时挠度 $\delta$(应变 $\varepsilon$)很不明显,且增长缓慢。随着 $F$ 逐渐接近 $F_{cr}$,挠度 $\delta$ 将急剧增大,如图 6-2 中 $AB$ 段。工程中的压杆一般都在小挠度下工作,$\delta$ 的急剧加大,将引起塑性变形,甚至破坏。只有弹性很好的细长杆才可以承受较大挠度,压力才可能略微超过 $F_{cr}$。

实验时,可将粘贴在压杆两侧的应变片按半桥接法(见图 6-3a)或四分之一桥接法(见图 6-3b)接入应变仪,测定 $F - \varepsilon$ 曲线,由曲线的水平渐近线确定临界压力

$F_{cr}$。在一定压力 $F$ 的作用下,应变仪读数 $\varepsilon_d$ 的大小可以反映压杆挠度 $\delta$ 的大小。

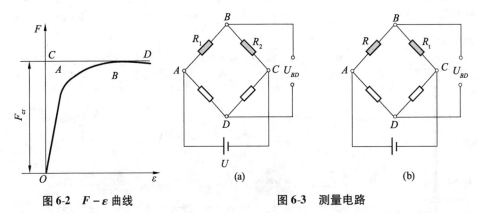

图 6-2  $F-\varepsilon$ 曲线                          图 6-3  测量电路

压杆横截面 $x$ 处的内力有弯矩 $M = F\delta$,轴力 $F_N = -F$。因此,横截面 $x$ 上的正应力由弯矩 $M$ 和轴力 $F_N$ 引起的两部分应力叠加而成。若在压杆 $x$ 处两侧贴应变片 $R_1$ 和 $R_2$,为测得弯矩引起的应变 $\varepsilon_M$,而消除轴力的影响,按图 6-3a 所示半桥桥路接入应变仪,则应变仪读数 $\varepsilon_d$ 是弯矩引起的应变的两倍,即 $\varepsilon_M = \varepsilon_d/2$。测点处弯曲正应力为

$$\sigma = \frac{M\dfrac{h}{2}}{I} = \frac{F\delta h}{2I} = E\varepsilon_M = E\frac{\varepsilon_d}{2} \tag{6-2}$$

可得挠度与应变仪读数间的关系为

$$\delta = \frac{EI}{Fh}\varepsilon_d \tag{6-3}$$

### 6.1.5  实验步骤

1. 分别测量细长杆的长度 $l$、宽度 $b$、厚度 $h$,计算其横截面的惯性矩。

2. 安装试件,尽可能使压力作用线与试件轴线重合。

3. 将试件两侧的应变片 $R_1$ 和 $R_2$,按图 6-3a 所示的半桥接法接入应变仪,加载前将应变仪的所选通道调平衡。

4. 加载前用欧拉公式求出每种支座条件下临界压力的理论值。加载分两个阶段进行:载荷在理论临界压力 $F_{cr}$ 的 70% ~80% 之前,可采取较大等级加载,如分成 4 ~5 级,载荷每增加一个 $\Delta F$,读取相应的应变值;载荷超过理论临界压力 $F_{cr}$ 的 80% 后,载荷增量应取得小些,直至应变 $\varepsilon$ 出现明显增大为止。在整个实验过程中,加载应保持均匀、平稳、缓慢。

5. 利用记录的实验数据绘制压力与应变关系曲线,即 $F-\varepsilon$ 曲线。确定每种

支座条件下的实验临界压力。

### 6.1.6　实验数据处理

1. 实测细长压杆的几何参数,试样材料的物理参数记入表 6-1。
2. 分级加载测试的应变读数记入表 6-1。
3. 绘制压力与应变关系曲线 $F-\varepsilon$。
4. 根据式(6-1)计算临界压力的理论值,并与实测值进行比较。

**表 6-1　试件相关数据及测试应变读数记录表**

| 长度 $l=$　　mm;宽度 $b=$　　mm;厚度 $h=$　　mm;惯性矩 $I=$　　$mm^4$<br>弹性模量 $E=206\ GPa$ | | |
|---|---|---|
| 压力/N | 应变/$\mu\varepsilon$ | $F-\varepsilon$ 曲线 |
| | | |
| | | |
| | | |
| | | |
| | | |
| | | |
| | | |
| | | |
| | | |
| | | |
| 理论计算 $F_{cr}=$　　N | 实验测定临界压力 $F_{cr}=$　　N | |

### 6.1.7　实验报告

实验报告的内容包括实验目的、实验原理、实验设备、试样信息、实验过程信息、数据处理、结果分析及实验体会等。

### 6.1.8　思考题

1. 比较临界压力的理论值与实测值的差别,试分析其原因。
2. 铰接处摩擦力有没有影响? 试分析。

# 6.2 应变电测法测定材料弹性常数 $E$ 和 $\mu$ 试验

### 6.2.1 试验目的

1. 熟悉电阻应变测量技术的基本原理和方法。
2. 测定材料拉伸时的弹性模量 $E$ 和泊松比 $\mu$。

### 6.2.2 试验设备及仪器

1. 电子万能试验机。
2. 游标卡尺。
3. 静态应变仪。

### 6.2.3 试验试件

采用电测法测定弹性模量 $E$ 和泊松比 $\mu$，试样一般按照国家标准加工成板状试样，如图 6-4a 所示。为了消除试件初弯曲和加载过程中可能存在的偏心引起的弯曲的影响，在试样两面中间沿轴向贴两片应变片 $R_1$、$R_3$，沿横向同时各贴两片应变片 $R_2$、$R_4$，把温度补偿片贴在与试件材料相同的补偿块上，并处在同一温度场中，如图 6-4b 所示。

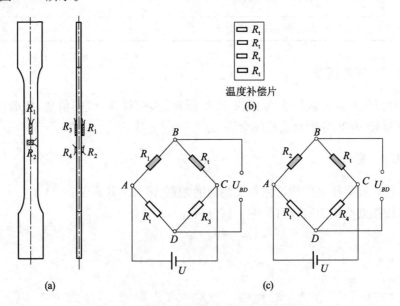

图 6-4 弹性模量和泊松比测试试样及桥路

### 6.2.4　试验原理和方法

在测试中采取全桥接线法,如图 6-4c 所示,当试样轴向受力时,电阻应变仪即可测得对应试验力下的轴向和横向应变,因为应变仪显示的应变是两片应变片的应变之和,所以试样轴向和横向应变应为应变仪所显示值的一半。为了减小误差,加载时在比例极限范围内采用分级等量加载,每次加载后对应每个载荷 $F_i$,记录相应的纵向应变值 $\varepsilon$ 和横向应变值 $\varepsilon'$,每级相减,得到纵向应变和横向应变的各级增量并计算平均值,按平均值法计算弹性模量 $E$ 和泊松比 $\mu$。

$$E = \frac{\Delta \overline{F}}{S_0 \Delta \overline{\varepsilon}} \tag{6-4}$$

$$\mu = \left| \frac{\Delta \overline{\varepsilon'}}{\Delta \overline{\varepsilon}} \right| \tag{6-5}$$

式中:$S_0$ 为试样原始横截面积;$\Delta \overline{F}$ 为载荷增量的平均值;$\Delta \overline{\varepsilon}$ 为纵向应变增量的平均值;$\Delta \overline{\varepsilon'}$ 为横向应变增量的平均值。

或按 4.2.4 中杨氏模量和泊松比的测定中拟合法中式(4-10)和式(4-14)计算,并按式(4-11)计算拟合直线斜率变异系数,如其值在 2% 以内,则所得杨氏模量和泊松比为有效。

### 6.2.5　试验步骤

1. 测量试样原始数据。

按国标规定,用游标卡尺测量试样标距部分的尺寸,在标距范围的中间及两端共三处分别测量得到横截面尺寸并进行平均值计算,用于计算横截面积,测量结果填入表 6-2。

表 6-2　拉伸试样原始尺寸记录表

| 试样材料 | 试样标距 $L_0$/mm | 横截面 1/mm | | 横截面 2/mm | | 横截面 3/mm | | 横截面积 $S_0$/mm² |
|---|---|---|---|---|---|---|---|---|
| | | 宽 b | 高 h | 宽 b | 高 h | 宽 b | 高 h | |
| 低碳钢 | | | | | | | | |

2. 启动试验软件,以学生身份完成登录,启动电子万能试验机。

3. 安装试样,避免试样歪斜。单击“方法”菜单下的“低碳钢拉伸试验”。

4. 按图 6-4 所示全桥接线法将应变片接入静态应变仪,并将应变仪预调平衡。

5. 测量弹性模量时,载荷应均匀、缓慢增加到比例极限后卸载,然后加载到初始载荷 $F_0$,记录各点应变值,再逐级加载,记录各级载荷下静态应变仪相应的纵向和横向读数应变,取多级加载,最大载荷不超过比例极限。然后卸载,实验重复3次。

6. 填写试验数据,经指导教师检查无误后,结束试验,整理仪器与试件。

### 6.2.6 试验数据处理

将试验记录的各项数据填入表6-3,然后按照式(6-4)和式(6-5)计算弹性模量和泊松比。杨氏模量一般保留3位有效数字,泊松比一般保留2位有效数字。

表6-3 应变读数记录

| 序号 | 载荷 | | 读数应变（轴向） | | 读数应变（横向） | | 读数应变（轴向） | | 读数应变（横向） | | 读数应变（轴向） | | 读数应变（横向） | |
|---|---|---|---|---|---|---|---|---|---|---|---|---|---|---|
| | $F$ | $\Delta F$ | $\varepsilon$ | $\Delta\varepsilon$ | $\varepsilon$ | $\Delta\varepsilon'$ | $\varepsilon$ | $\Delta\varepsilon$ | $\varepsilon$ | $\Delta\varepsilon'$ | $\varepsilon$ | $\Delta\varepsilon$ | $\varepsilon$ | $\Delta\varepsilon'$ |
| 1 | | | | | | | | | | | | | | |
| 2 | | | | | | | | | | | | | | |
| 3 | | | | | | | | | | | | | | |
| 4 | | | | | | | | | | | | | | |
| 5 | | | | | | | | | | | | | | |
| 6 | | | | | | | | | | | | | | |
| 应变增量均值 | $\Delta\bar{\varepsilon}$ | | $\Delta\bar{\varepsilon}'$ | | $\Delta\bar{\varepsilon}$ | | $\Delta\bar{\varepsilon}'$ | | $\Delta\bar{\varepsilon}$ | | $\Delta\bar{\varepsilon}'$ | | | |

### 6.2.7 试验报告

试验报告应包括试验目的、原理,参照的标准;材料名称、试样形状和尺寸;试样贴片布置图,试验装置;试验机型号和规格;试验速度和控制方式;试验结果;数据处理和结果分析等。

### 6.2.8 思考题

1. 比较应变法与电子万能试验机测得的弹性模量间的差别。

2. 试说明应变法测试误差的主要来源。

# 6.3 偏心拉伸实验

### 6.3.1 实验目的

1. 测定偏心拉伸时横截面上的正应力分布规律,验证迭加原理的正确性。

2. 测定偏心拉伸时由拉力和弯矩所产生的应力。

3. 选择适宜的组桥方式,测定偏心距,进一步掌握电测技术。

4. 测定弹性模量 $E$。

### 6.3.2 实验设备及仪器

1. 电子万能试验机配专用夹具。

2. 静态电阻应变仪。

3. 游标卡尺、钢板尺。

### 6.3.3 实验试件

偏心拉伸试件如图 6-5 所示,材料为铝合金等金属材料。

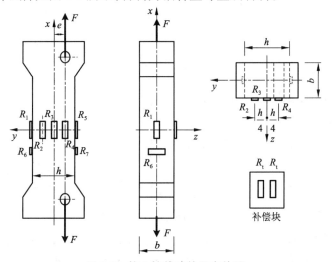

**图 6-5 偏心拉伸试件及布片图**

### 6.3.4 实验原理和方法

偏心拉伸试件及电阻应变片布片方案如图 6-5 所示。其中,电阻应变片 $R_1 \sim R_5$ 沿着轴线 $x$ 轴方向布置,用以测定正应力沿横截面高度 $h$ 的分布规律;而 $R_6$ 和 $R_7$ 沿着 $z$ 轴方向分别布置在试件两侧,用于测定泊松比。外载荷 $F$ 作用在试件纵向对称面 $x$ – $y$ 内,但不与轴线 $x$ 轴重合,则其轴力 $F_N = F$,弯矩 $M = Fe$,其中 $e = h/4$ 为偏心距。根据迭加原理,得横截面上的应力为单向应力状态,其理论计算公式为拉伸应力和弯矩正应力的代数和,即

$$\sigma_z = \frac{F_N}{b \cdot h} - \frac{12M \cdot y}{b \cdot h^3} = \frac{F}{b \cdot h}\left(1 - \frac{3y}{h}\right) \tag{6-6}$$

　　根据桥路原理,采用不同的组桥方式,可分别测出与轴向力及弯矩有关的应变值,从而进一步求得弹性模量 $E$、偏心距 $e$、泊松比 $\mu$、各测点正应力和分别由轴力、弯矩产生的应力。

　　可直接采用半桥单臂(半桥另补)方式,如图 6-6 所示,测出 $R_1 \sim R_7$ 受力产生的应变值,进而得到偏心拉伸试件横截面上的应变分布规律。根据 $R_1(R_5)$ 和 $R_6$ $(R_7)$ 的应变值 $\varepsilon_1(\varepsilon_5)$ 和 $\varepsilon_6(\varepsilon_7)$ 计算材料泊松比:

$$\mu = \left| \frac{\varepsilon_6}{\varepsilon_1} \right| = \left| \frac{\varepsilon_7}{\varepsilon_5} \right| \tag{6-7}$$

　　若轴力 $F_N$ 和弯矩 $M$ 引起的最大应变绝对值分别记为 $\varepsilon_{F_N}$ 和 $\varepsilon_M$,则 $R_1$ 和 $R_5$ 测得的应变分别为 $\varepsilon_1 = \varepsilon_{F_N} - \varepsilon_M$ 和 $\varepsilon_5 = \varepsilon_{F_N} + \varepsilon_M$。容易得到由轴力 $F_N$ 和弯矩 $M$ 引起的应变分别为

$$\varepsilon_{F_N} = \frac{\varepsilon_1 + \varepsilon_5}{2} \tag{6-8}$$

$$\varepsilon_M = \frac{\varepsilon_5 - \varepsilon_1}{2} \tag{6-9}$$

即可以分离出偏心拉伸的两种内力。

　　弹性模量:

$$E = \frac{\Delta F}{b \cdot h \cdot \varepsilon_{F_N}} \tag{6-10}$$

　　偏心距:

$$e = \frac{E \cdot h \cdot b^2}{6 \cdot \Delta F} \cdot \varepsilon_M \tag{6-11}$$

　　也可采用邻臂桥路接法直接测出弯矩引起的应变 $\varepsilon_M$,采用此种接桥方式不需温度补偿片,接线线路如图 6-7a 所示;采用对臂桥路接法可直接测出轴向力引起的应变 $\varepsilon_F$,采用此种接桥方式需加温度补偿片,接线线路如图 6-7b 所示。

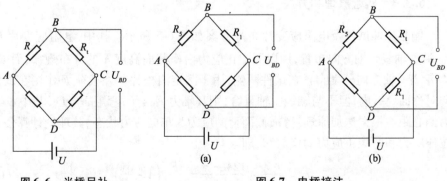

图 6-6　半桥另补　　　　　　　　　　　　图 6-7　电桥接法

### 6.3.5 实验步骤

1. 拟订加载方案。先选取适当的初载荷 $F_0$,一般取 $F_{max}$ 的 10% 左右,分 4 ~ 6 级加载,一般不少于 5 级。

2. 根据加载方案,调整好实验加载装置。

3. 按实验要求接好线,调整好仪器,检查整个测试系统是否处于正常工作状态。

4. 加载。均匀、缓慢加载至初载荷 $F_0$,应变仪调平衡;然后分级等增量加载,每增加一级载荷,依次记录应变仪各通道应变值,直至最终载荷。实验至少重复两次。半桥单臂测量数据表格见表6-4,其他组桥方式实验表格可根据实际情况自行设计。

5. 做完实验后,卸掉载荷,关闭电源,整理好所用仪器设备,清理实验现场,将所用仪器设备复原,实验资料交指导教师检查签字。

### 6.3.6 实验数据处理

1. 实测偏心试样的几何参数,试样材料物理参数记入表6-4。
2. 分级加载测试的应变读数记入表6-4。

表 6-4 试件相关数据及测试应变读数记录表

| 试件 | | 厚度 $h$/mm | | | 宽度 $b$/mm | | | |
|---|---|---|---|---|---|---|---|---|
| 截面 | | | | | | | | |
| 弹性模量 $E =$ GPa | | | | | | | | |
| 泊松比 $\mu =$ | | | | | | | | |
| 偏心距 $e =$ mm | | | | | | | | |
| 加载 \ 测点 | | 应变/$\mu\varepsilon$ | | | | | | |
| | | $R_1$ | $R_2$ | $R_3$ | $R_4$ | $R_5$ | $R_6$ | $R_7$ |
| $F_0$ | | 0 | 0 | 0 | 0 | 0 | 0 | 0 | 0 |
| $F_1$ | $\Delta F$ | | | | | | | |
| $F_1$ | $\Delta F$ | | | | | | | |
| ⋮ | $\Delta F$ | | | | | | | |
| $\Delta\varepsilon$ | | | | | | | | |
| $\varepsilon_{F_N} =$ | | | | $\varepsilon_M =$ | | | | |
| $E_实 =$ | | $\mu_实 =$ | | $e =$ | | | | |

3. 根据测试记录,按式(6-7)～式(6-11)分别计算泊松比、每种内力对应的应变、弹性模量和偏心距。

4. 绘制偏心拉伸试样横截面上的应变分布规律图($\varepsilon$ 随 $y$ 的变化)。

### 6.3.7 实验报告

实验报告的内容包括实验目的、实验原理、实验设备、试样信息、实验过程信息、数据处理、误差分析及实验体会等。

### 6.3.8 思考题

1. 根据布片方案,试组成多种桥路进行测量。

2. 载荷可能沿 $z$ 轴方向存在偏心,如何消除该偏心的影响?

# 6.4 叠合梁正应力测定实验

### 6.4.1 实验目的

1. 测定由两种材料胶接而成的叠合梁的正应力分布规律。

2. 探索胶接叠合梁的弯曲正应力计算公式,并与实验结果比较。

3. 进一步熟悉电测的操作方法。

### 6.4.2 实验设备及仪器

1. 叠合梁及纯弯曲梁实验装置。

2. 静态电阻应变仪。

3. 游标卡尺、钢板尺等。

### 6.4.3 实验试件

由于工作需要,在实际结构中经常把单一构件组合起来形成一种新的构件形式。实际叠合梁的工作状态是复杂多样的,为了便于在实验室进行实验,选择两根截面积相同的矩形梁,用电测法测定其应力分布规律,观察叠合梁与纯弯曲梁应力分布的异同点。

本实验所用叠合梁由铝合金与钢两种材料胶接而成,安置于四点弯曲实验装置中,如图 6-8 所示。在梁上、下表面及侧面沿着梁长度方向贴 8 个应变片,用以测定叠合梁横截面上的应变分布规律。

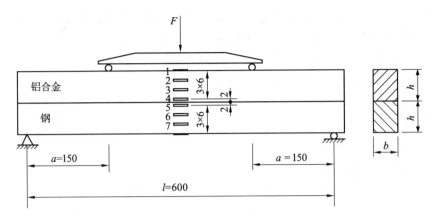

**图 6-8 叠合梁及电阻应变片布片图**

### 6.4.4 实验原理

根据材料力学知识,叠合梁满足以下假设:两种材料是均质各向同性的材料;梁受到弯曲变形时,两种材料均在比例极限内工作(小变形条件);变形连续性条件——胶接层有足够的抗剪强度,不因梁的变形而遭到破坏;平面假定——变形前后横截面仍保持平面。

由变形连续性条件及平面假定,变形后梁凸向纤维受拉,凹向纤维受压,中间必存在一层既不受拉又不受压的中性层。离中性层距离为 $y$ 的纤维应变为 $\varepsilon = \dfrac{y}{\rho}$,其中 $\rho$ 为曲率半径。由于组成叠合梁的两种材料铝合金与钢的弹性模量 $E_a$ 和 $E_s$ 不同,铝层应力 $\sigma_a = E_a \cdot \dfrac{y}{\rho}$,钢层应力 $\sigma_s = E_s \cdot \dfrac{y}{\rho}$,应力在胶接处不连续,即中性层不在胶接处,会偏向弹性模量较大的下梁,需根据静力平衡条件确定中性层位置。分析可知,由两种不同材料组成的胶接叠合梁可由 T 形梁来等效,T 形梁的截面形心位置即中性轴位置。

### 6.4.5 实验步骤

1. 测量叠合梁试件尺寸。用游标卡尺测量叠合梁横截面的宽度 $b$ 和高度 $h$,用钢板尺测量梁的跨度和作用力到支座的距离 $a$,记入表 6-5。

2. 拟订加载方案。先选取适当的初载荷 $F_0$,一般取 $F_{max}$ 的 10% 左右,分 4 ~ 6 级加载,一般不少于 5 级。

3. 将各仪器连接好。梁上各电阻应变片依次牢固地连接到电阻应变仪上,采用半桥单臂,公共补偿法组成测量桥路。

4. 各测点桥路调平衡,检查整个测试系统是否处于正常工作状态。

5. 加载读数,采用等差加载方式,加载一般不少于 5 级。

6. 做完实验后,卸掉载荷,关闭电源,整理好所用仪器设备,清理实验现场,将所用仪器设备复原,实验资料交指导教师检查签字。

### 6.4.6 实验数据处理

1. 叠合梁基本参数记入表 6-5。

2. 分级加载测试的应变读数记入表 6-5。

3. 用坐标纸按比例绘制实测应变 $\varepsilon$(或 $\Delta\varepsilon$)、应力 $\sigma$(或 $\Delta\sigma$)沿梁高的分布图,正的应变及应力绘在纵坐标(梁高)的右边,负的应变及应力绘在纵坐标的左边,并由图中找出中性轴的位置。

4. 根据胶接叠合梁的应变、应力分布规律,建立力学模型,推导出正应力分布的分析表达式(包括中性轴位置的计算公式)。

5. 计算出 8 个位置上 $\sigma_i$ 的实测值和理论值。计算测点的误差及中性轴理论值和实测值的误差。

**表 6-5　试件相关数据及测试应变读数记录表**

| 弹性模量 $E_a =$ | | GPa; | $E_s =$ | | GPa | | | | |
|---|---|---|---|---|---|---|---|---|---|
| 距离 $a =$ | | mm | | | 跨度 $l =$ | | mm | | |
| 宽度 $b =$ | | mm | | | 高度 $h =$ | | mm | | |
| 加载 \ 测点 | | 应变/$\mu\varepsilon$ | | | | | | | |
| | | $\varepsilon_1$ | $\varepsilon_2$ | $\varepsilon_3$ | $\varepsilon_4$ | $\varepsilon_5$ | $\varepsilon_6$ | $\varepsilon_7$ | $\varepsilon_8$ |
| $F_0$ | | 0 | 0 | 0 | 0 | 0 | 0 | 0 | 0 |
| $F_1$ | $\Delta F$ | | | | | | | | |
| $F_1$ | $\Delta F$ | | | | | | | | |
| ⋮ | $\Delta F$ | | | | | | | | |
| $\Delta\varepsilon$ | | | | | | | | | |
| 实测值 $\sigma_s$ | | | | | | | | | |
| 理论值 $\sigma_1$ | | | | | | | | | |
| 相对误差 | | | | | | | | | |

### 6.4.7　实验报告

实验报告的内容包括实验目的、实验原理、实验设备、试样信息、实验过程信息、数据处理、误差分析及实验体会等。

### 6.4.8　思考题

1. 分析采用多点公共温度补偿方法的优缺点。
2. 试分析造成实验误差的原因。

# 6.5　预应力梁实验

### 6.5.1　实验目的

1. 用电测法测定预应力不同截面及拉(压)杆的应变。
2. 探讨超静定结构理论计算和实验测试结果差异的来源。

### 6.5.2　实验设备及仪器

1. 矩形截面梁、拉(压)杆及纯弯曲梁实验装置。
2. 静态电阻应变仪。
3. 游标卡尺、钢板尺。

### 6.5.3　实验试件

对工程结构施加预应力,提高结构承载能力及刚度的方法,已大量应用于工程中。本实验通过结构模型研究预应力结构提高承载能力的原理,拓展材料力学理论知识的工程应用,锻炼和提高学生解决工程实际问题的能力。

本实验所用模型如图 6-9 所示。

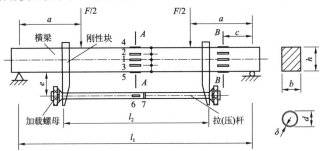

**图 6-9　预应力梁模型及应变片布片图**

矩形截面梁安置于四点弯曲实验装置中,通过刚性块连接空心拉(压)杆。梁与拉(压)杆均为铝合金材料,弹性模量 $E$ 为 70 GPa。在梁的 $A-A$ 与 $B-B$ 两个截面的侧面及上、下表面等距地沿梁轴向各粘贴 5 个应变片,编号 $1\sim5$;在拉(压)杆沿轴向与横向粘贴 2 个应变片,编号 $6\sim7$。

### 6.5.4　实验原理和方法

当松开拉杆的加载螺母,通过弯曲装置加力架加载时,梁中间段发生纯弯曲变形,弯矩为正,即下部受拉、上部受压。而维持加力架载荷不变,旋紧加载螺母(杆件受拉)后,相当于在纯弯梁的基础上,梁中间叠加一个反向弯矩(负),进而使超静定结构起到减小实际应力的作用。

实验时,通过旋转四点弯曲加力架手轮使梁受力大小发生变化,转动拉杆加载螺母也可使架的受力大小发生变化。该装置的加载系统作用在梁上的力的大小通过拉压传感器由测力仪直接显示,加载螺母使拉(压)杆受力变化的大小根据其上应变片组成的半桥由应变仪测得应变读数计算获得。

当拉杆不受力,横梁受力 $F$ 作用后,$A-A$ 截面为纯弯曲段,$B-B$ 截面为横力弯曲段;在同样的力 $F$ 作用下,通过调节加载螺母,改变拉杆的受力(此时力 $F$ 也会改变),通过应变仪可分别测得横梁纯弯曲段内 $A-A$ 截面的应变、横力弯曲段 $B-B$ 截面的应变及拉杆的应变,从而由实验数据可以计算出横梁上 $A-A$、$B-B$ 截面的应力和拉杆所受的轴力。本实验横梁上应变片采用公共接线法,如图 6-10a 所示;拉杆上应变片采用半桥接线法,如图 6-10b 所示。

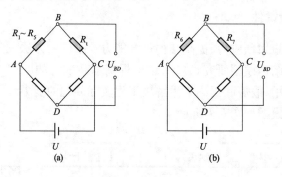

图 6-10　电桥接法

### 6.5.5　实验步骤

1. 分别测量矩形截面横梁、拉(压)杆的几何尺寸参数与贴片和加载位置,记入表 6-6。

2. 按实验要求,将应变片按电桥接法接入静态电阻应变仪。

3. 松开加载螺母,使拉(压)杆不受力。

4. 通过四点弯曲加力架,使横梁受力达到初始值 $F_0$。

5. 各测点桥路调平衡,检查整个测试系统是否处于正常工作状态。

6. 继续通过四点弯曲加力架,给横梁施加载荷至目标受力值 $F_1 = F_0 + F$。

7. 拧紧加载螺母,使拉(压)杆受力达到目标值。

8. 将施加的载荷与测得的应变值记入表6-6。

9. 做完实验后,卸掉载荷,关闭电源,整理好所用仪器设备,清理实验现场,将所用仪器设备复原,实验资料交指导教师检查签字。

### 6.5.6 实验数据处理

1. 实测试件的几何参数,将试件材料物理参数记入表6-6。

2. 将加载测试的应变读数记入表6-6,绘制 $\varepsilon - y$ 关系图。

3. 计算测点应变理论值,并与实测值进行比较。

**表6-6 试件相关数据及测试应变读数记录表**

| $l_1 =$ mm; | | $b =$ mm; | $h =$ mm; | $a =$ mm; |
|---|---|---|---|---|
| $l_2 =$ mm; | | $d =$ mm; | $\delta =$ mm | $e =$ mm; |
| 弹性模量:$E =$ GPa; | | 泊松比: | | $c =$ mm |
| | | 应变/$\mu\varepsilon$ | $\varepsilon - y$ 关系 | |
| $A - A$ | 1 | | | |
| | 2 | | | |
| | 3 | | | |
| | 4 | | | |
| | 5 | | | |
| $B - B$ | 1 | | | |
| | 2 | | | |
| | 3 | | | |
| | 4 | | | |
| | 5 | | | |
| 拉(压)杆 | | | | |
| $F =$ N | | | | |

### 6.5.7　实验报告

实验报告的内容包括实验目的、实验原理、实验设备、试样信息、实验过程信息、数据处理、结果分析及实验体会等。

### 6.5.8　思考题

1. 讨论预应力梁结构的理论值与实测值的差别,试分析其原因。

2. 采用预加应力方式和后加应力方式来提高梁的承载能力,效果是否完全相同?

# 参考文献

［1］范钦珊,王杏根,陈巨兵,等. 工程力学实验［M］.北京:高等教育出版社,2006.

［2］庄表中,王惠明,马景槐,等. 工程力学的应用、演示和实验［M］.北京:高等教育出版社.2015.

［3］邓宗白,陶阳,金江. 材料力学实验与训练［M］.北京:高等教育出版社,2014.

［4］刘鸿文,吕荣坤. 材料力学实验［M］.第3版.北京:高等教育出版社,2006.

［5］刘鸿文. 材料力学［M］.第6版.北京:高等教育出版社,2016.

［6］张亦良. 工程力学实验［M］.北京:北京工业大学出版社,2010.

［7］周宏伟,鲁阳,瞿小涛. 工程力学实验指导教程［M］.南京:南京大学出版社,2014.

# 附录Ⅰ　实验误差分析与数据处理

测试是具有实验性质的测量,即测量和实验的综合。确定被测对象量值而进行的操作过程为测量,对未知事物做探索性认识的实验过程为实验。力学测试是测试技术的一个方面,即通过各种实验方法和手段测量材料的力学性能、结构或构件的受力、位移、应力、应变等力学参量,解决现实工程结构中的力学问题。

用各种方法进行力学量测量时,由于测量方法和测试设备的不完善、环境的影响及人们对事物认识能力的限制等因素的影响,不可避免地存在实验误差。误差的存在使人们对客观现象的认识受到一定的歪曲,甚至出现误判。故此,分析研究误差的产生原因和表现规律,以尽可能地减小误差,对于测试结果的可信度具有重要意义。

实验数据处理则是通过数学的方法,对测得的参差不齐的原始数据进行加工处理,找出测试对象的规律,获得真实、可靠的结论的过程。

## Ⅰ.1　实验误差

### Ⅰ.1.1　真值

真值即被测量的真实值。绝对的真值是无法测得的,实际测量只能得到逼近真值的近似值。一般所说真值是指理论真值、规定真值、相对真值。

理论真值也称为绝对真值,是由公认的理论公式推导出的结果,如平面三角形的内角之和为180°。

规定真值也称为约定真值,是国际上公认的某些基准量值,如1 m等于光在真空中1/299792458 s时间间隔内所路经的长度,即计量长度的规定真值。国际计量大会共同约定了7个基本单位,长度(m)、质量(kg)、时间(s)、电流(A)、热力学温度(K)、发光强度(cd)和物质的量(mol)。

相对真值是指计量学上以高一级标准器为比较基准,并将其基准量值作为下一级的真值。如在力值的传递标准中,用二等标准测力机校准三等标准测力计,此时二等标准测力机的指示值即为三等标准测力计的相对真值。

### I.1.2  误差

误差是指测量值与其真值之间的差别,即测量结果偏离真值的程度。对任何物理量进行测量都不可避免地带有误差,误差的大小通常用绝对误差和相对误差来描述。

绝对误差 $\Delta$ 又称真误差,指测量值 $X$ 与真值 $T$ 之差,即

$$\Delta = X - T \tag{I-1}$$

绝对误差反映了测量值偏离真值的大小,但往往不能反映测量的可信度,显得没有针对性。因此,工程上常采用相对误差的概念,即绝对误差与真值的比值所表示的误差大小,又称为误差率 $\delta$,有

$$\delta = \frac{X - T}{T} \times 100\% \tag{I-2}$$

相对误差能够清楚地反映出测量的准确程度。如两组测量的绝对误差相同,但真值不同,相对误差显然不同,反映出测试的准确度。当绝对误差很小时,有

$$\delta \approx \frac{X - T}{X} \times 100\% \tag{I-3}$$

### I.1.3  误差的分类

测量过程中误差的来源是多方面的,主要来自测量装置、环境影响、测试方法与测试人员。按误差的产生原因和性质,通常分为系统误差、随机误差和粗大误差三类。

(1)系统误差。在相同条件下,对同一物理量进行多次测量,误差值(包括大小和方向)总是相同的,这类误差称为系统误差,又叫规律误差。系统误差的特点是恒定性,具有重复性、单向性和可测性,不能用增加测量次数的方法使它减小。在实验中发现和消除系统误差是很重要的,因为它常常是影响实验结果准确程度的主要因素,能否用恰当的方法发现和消除系统误差,是反映测量者实验水平高低的一个重要方面。

(2)随机误差。在相同条件下,对同一物理量进行多次测量,误差值(包括大小和方向)随机变化,测量过程中这种由随机性因素引起的误差称为随机误差,也称偶然误差。偶然误差的特点是随机性,但对于多次重复测量,测量值具有一定的统计规律性,符合正态分布规律。

(3)粗大误差。由于测试人员的粗心大意造成的误差,即在一定测量条件下超出规定条件预期的误差称为粗大误差,也叫粗误差。粗误差无规则,不具有抵偿性,是异常值,进行数据处理时应剔除。

### Ⅰ.1.4　测量数据的精度

精度指测量值与真值的接近程度,实际指的是不精确度或不准确度。精度与误差大小对应,误差小则精度高,误差大则精度低,通常包括以下三种含义:

(1)精密度。表示测量结果随机误差大小的程度。一定条件下,重复多次测量时,测量结果间的符合程度。

(2)准确度。表示测量结果系统误差大小的程度,测试数据平均值与真值的偏差,即规定条件下所有系统误差的综合。

(3)精确度。表示测量结果系统误差和随机误差的综合影响程度,反映测量结果与真值的一致程度。精确度高则系统误差和随机误差均小,即精密度和准确度都高。

精密度、准确度和精确度的含义可用打靶的情况比喻,如图Ⅰ-1所示。图Ⅰ-1a显示随机误差小,即精密度很高,但准确度低,即系统误差较大;图Ⅰ-1b显示系统误差小,即准确度高,但精密度低,即随机误差大;图Ⅰ-1c表示精确度高,即精密度和准确度均高,随机误差和系统误差都小。

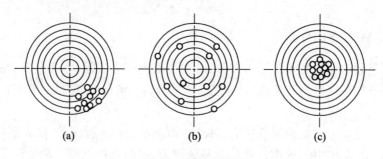

图Ⅰ-1　精度示意图

### Ⅰ.1.5　随机误差的基本性质与表示

1. 随机误差的基本性质

随机误差的出现没有明确的规律,但统计研究表明其通常呈正态分布,具有以下四个特点:

(1)有界性。误差的绝对值不会超过一定的限度,绝对值很大的误差出现的概率近于零。

(2)单峰性。绝对值小的误差出现的概率比绝对值大的误差出现的概率大,最小误差出现的概率最大,随机误差的分布呈单峰性。

(3)对称性。绝对值相等的正、负误差出现的概率相同。

（4）抵偿性。相同条件下,由于绝对值相等的正、负误差出现的次数相等,随着重复测量次数的增加,误差的算术平均值趋于零。

2. 随机误差的表示

随机误差的概率密度函数为

$$f(x) = \frac{1}{\sigma\sqrt{2\pi}} e^{-\frac{(x-\mu)^2}{2\sigma^2}} \qquad (\text{I-4})$$

式中:$x$ 为随机变量;$\mu$ 为数学期望;$\sigma$ 为标准误差。

（1）算术平均值

算术平均值又称为均值,是被测量的无偏估计,重复多次测量值的算术平均值作为真值 $T$ 的估计值。若重复 $n$ 次测量得到的结果为 $x_1, x_2, \cdots, x_n$,则算术平均值 $\bar{x}$ 为

$$\bar{x} = \frac{x_1 + x_2 + \cdots + x_n}{n} = \frac{1}{n}\sum_{i=1}^{n} x_i \qquad (\text{I-5})$$

（2）标准差

算术平均值考虑了测量次数 $n$ 对随机误差的影响,但不能反映各次测量间符合真值的程度,即不能反映测量精密度的高低。工程中常用随机误差的标准差来反映:

$$\sigma = \pm\sqrt{\frac{\sum_{i=1}^{n}(x_i - T)^2}{n}} \quad (n \rightarrow \infty) \qquad (\text{I-6})$$

在实际测量中,测量次数 $n$ 总是有限的,因为各偏差之和为零,所以 $n$ 个偏差中只有 $n-1$ 个是独立的。而真值则用算术平均值代替,标准差按式（I-7）计算:

$$\sigma = \pm\sqrt{\frac{\sum_{i=1}^{n}(x_i - \bar{x})^2}{n-1}} \qquad (\text{I-7})$$

标准差对一组测量中出现的特大或特小误差反应非常敏感,能很好地表示出测量的精密度。因此,标准差在工程测量中得到了广泛应用。

# I.2 实验数据处理

## I.2.1 有效数字

任何测量值都存在误差,含有误差的数值统称为近似值,实验中都是用测量的近似值代替测量值（计数测量例外）。近似数使用有效数字表示。有效数字是指

测量到的数中任何一个有意义的数字。

有效数字通常由几位准确数字(高位)加一位估计数字(最低位)组成,数字中准确数字与估计数字的位数和称为测量读数的有效数字位数。在数学中,有效数字是指在一个数中,从第一个非零数字起,直到末尾数字止的数字。例如,$\pi \approx$ 3.1416,共有 5 位有效数字,第一位有效数字是 3,最后一位有效数字是 6;又如 0.0023,共有 2 位有效数字,第一位是 2,最后一位是 3。

在实验测量时,测量数字的最后一位有效数字取到哪一位,取决于测量精度,即测量数字的最后一位有效数字应与测量精度是同一量级的。例如,用最小刻度为毫米(mm)的直尺测量物体长度,读数为 121.3 mm,其中前三位 1、2、1 为准确数字,3 为估计数字。

### Ⅰ.2.2 数值修约

通过省略原数值的最后若干位数字,调整所保留的末位数字,使最后得到的值最接近原数值的过程称为数值修约,经数值修约后的数值称为修约值。

对于位数较多的近似数,在确定有效位数后,应按照国家标准 GB/T 8170—2008《数值修约规则与极限数值的表示和判定》进舍,舍去多余的数字。数值的进舍有五条基本规则。

(1)拟舍弃数字的最左一位数字小于 5,则舍去,保留其余各位数字不变。例如,3.14 修约到个位数为 3,修约到一位小数为 3.1。

(2)拟舍弃数字的最左一位数字大于 5,则进一,即保留数字的末位数字加 1。例如,3.14159 修约到四位小数为 3.1416。

(3)拟舍弃数字的最左一位数字是 5,且其后有非 0 数字时进一,即保留数字的末位数字加 1。例如,3.14151 修约到三位小数为 3.142。

(4)拟舍弃数字的最左一位数字是 5,且其后无数字或皆为 0 时,若保留的末位数字为奇数(1、3、5、7、9),则进一,即保留数字的末位数字加 1;若所保留的末位有效数字为偶数(0、2、4、6、8),则舍去。例如,3.1415 修约到三位小数为 3.142,3.1445 修约到三位小数为 3.144。

(5)负数修约时,先将它的绝对值按上述四条的规定进行修约,然后在所得值前面加上负号。

拟修约数字应在指定修约数位后一次修约获得结果,不得多次按上述五条规则连续修约。在具体实施中,有时测试与计算部门先将获得数值按指定的修约位数多一位或几位报出,而后由其他部门判定。为避免产生连续修约的错误,应按以下步骤进行:

(1)报出数值最后的非零数字为 5 时,应在数值右上角加"+"或加"-"或不加符号,分别表明进行过舍、进或未舍未进。

（2）如对报出值需进行修约,当拟合舍弃数字的最左一位数字为5,且其后无数字或皆为0时,数值右上角有"＋"者进一,有"－"者舍去,其他仍按上述五条规定进行。

在近似数运算时,为了保证最后结果的精度尽可能高,所有参与运算的数据在有效数字后可多保留一位数字作为参考数字,又称为安全数字。

### I.2.3 实验数据处理

实验工作中,不可缺少的环节之一是记录和整理测试数据,从而对实验进行全面的分析和讨论,从中找出所研究问题的规律,做出结论,这就是实验数据处理的目的。在记录和整理实验数据时,常用表格法、图示法和公式法。

1. 表格法

在记录和整理数据时,常常将数据列成表格,然后进行分析处理。该方法表达清晰,易于检查数据,发现问题,便于得出正确的结论或获得经验公式。

表格法处理实验数据应做到:简单明了;表格中各符号代表的物理量及其单位应注明;表格中的测量数据应正确反映有效数字;对于函数关系的表格,应按自变量由小到大或由大到小的顺序排列。

2. 图示法

实验数据图示法是将测得的实验数据或结果通过图表示出来,描述实验数据间的关系,找到规律。该方法的优点是直观清晰,便于比较,易于找出数据的变化规律。

图示法处理实验数据应注意:选择合适的坐标纸,如直角坐标纸、对数坐标纸和极坐标纸;合理选轴,正确分度,一般以自变量为横轴、因变量为纵轴,并沿轴的方向注明物理量和单位;正确标出实验数据点,有多条实验曲线时,不同曲线应选用不同线段符号;由实验数据点绘制出平滑的实验曲线;标明注解和说明。

3. 公式法

实验数据公式法是将实验数据用公式近似地表示出来,以方程式描述自变量和因变量的关系,即建立数学模型。该方法是将根据实验数据绘制的曲线与已知函数关系曲线进行对照选择。由于公式简洁明了,形式紧凑,且可以进行数学运算,工程应用中极受重视。

公式法的一般方法:首先,在普通坐标(一般用直角坐标)纸上绘制实验曲线;然后,根据绘制的曲线、解析几何原理,确定公式的基本形式;其次,根据实验测量数据进行公式拟合,确定式中的常数;最后,检验所选函数与实验数据的符合程度。最简单的经验公式为直线式,如有可能,应使函数形式取为直线式。

若实验测量的两个变量间存在明显的线性关系,以 $x$ 和 $y$ 分别代表两个变量,通过数据曲线拟合,则可以表示为

$$y = c_0 + c_1 x \qquad (\text{I-8})$$

式中：$x$ 为自变量；$y$ 为因变量；$c_0$ 和 $c_1$ 为待定常数，即直线的截距和斜率。求出最符合测量数据点的参数 $c_0$ 和 $c_1$ 称为一元线性回归，最常用的方法是最小二乘法。

最小二乘法又称最小平方法，通过最小化误差的平方和寻找数据的最佳函数匹配。假设自变量 $x$ 数值无误差，而因变量 $y$ 各数值有测量误差（若 $x$ 和 $y$ 值均有误差，则把误差相对较小的变量作为 $x$）。设有 $n$ 组实验数据 $x$、$y$，$x_i$ 对应 $y_i$，而在最佳拟合直线式（I-8）上与 $x_i$ 对应的因变量为 $c_0 + c_1 x_i$，如图 I-2 所示，二者之间的偏差为

$$d_i = y_i - (c_0 + c_1 x_i) = y_i - c_1 x_i - c_0 \qquad (\text{I-9})$$

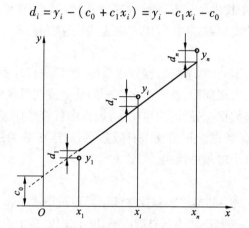

**图 I-2　最小二乘法**

根据最小二乘理论，当式（I-9）表示的偏差平方综合为最小时，式（I-8）表示的直线最佳。设 $d_i$ 的平方总和 $Q = \sum\limits_{i=1}^{n} d_i^2$，则 $Q$ 最小的必要条件为 $\dfrac{\partial Q}{\partial c_1} = \dfrac{\partial Q}{\partial c_0} = 0$，可得

$$\sum y_i - c_1 \sum x_i - n c_0 = 0$$
$$\sum x_i y_i - c_0 \sum x_i - c_1 \sum x_i^2 = 0 \qquad (\text{I-10})$$

解得

$$c_0 = \frac{\sum x_i y_i \sum x_i - \sum y_i \sum x_i^2}{\left(\sum x_i\right)^2 - n \sum x_i^2} \qquad (\text{I-11})$$

$$c_1 = \frac{\sum x_i \sum x_i - n \sum x_i y_i}{\left(\sum x_i\right)^2 - n \sum x_i^2} \qquad (\text{I-12})$$

若公式为二次曲线，即 $y = c_0 + c_1 x + c_2 x^2$，也可用最小二乘法求三个常数 $c_0$、$c_1$、$c_2$。

# 附录Ⅱ　国家标准

［1］GB/T 228.1—2010 金属材料　拉伸试验　第1部分:室温试验方法

［2］GB/T 22315—2008 金属材料　弹性模量和泊松比试验方法

［3］GB/T 7314—2017 金属材料　室温压缩试验方法

［4］GB/T 10128—2007 金属材料　室温扭转试验方法

［5］GB/T 229—2007 金属材料　夏比摆锤冲击试验方法

［6］GB/T 24176—2009 金属材料　疲劳试验　数据统计方案与分析方法

［7］GB/T 3075—2008 金属材料　疲劳试验　轴向力控制方法

［8］GB/T 8170—2008 数值修约规则与极限数值的表示和判定